ФИЗИКА ДЛЯ ВСЕХ КНИГА 2

Л. Д. ЛАНДАУ

А. И. КИТАЙГОРОДСКИЙ **МОЛЕКУЛЫ**

朗道

朗道大众物理学 2

—— 分子

Л. Д. 朗道 А. И. 基泰戈罗茨基 著 阎金铎 黄高年 译

高等教育出版社·北京

图字：01-2021-2646 号

Физика для всех: Молекулы -5-е изд.

图书在版编目（C I P）数据

朗道大众物理学. 2，分子 / (俄罗斯) 朗道，(俄罗斯) 基泰戈罗茨基著；阎金铎，黄高年译. -- 北京：高等教育出版社，2022.7

ISBN 978-7-04-058518-6

Ⅰ. ①朗… Ⅱ. ①朗… ②基… ③阎… ④黄… Ⅲ. ①物理学－普及读物②分子物理学－普及读物 Ⅳ. ①O4-49②O561-49

中国版本图书馆CIP数据核字(2022)第061695号

LANGDAO DAZHONG WULIXUE 2
——FENZI

出版发行	高等教育出版社
社　　址	北京市西城区德外大街4号
邮政编码	100120
印　　刷	河北信瑞彩印刷有限公司
开　　本	850 mm × 1168 mm 1/32
印　　张	8.875
字　　数	150 千字
购书热线	010-58581118
咨询电话	400-810-0598
网　　址	http://www.hep.edu.cn http://www.hep.com.cn
网上订购	http://www.hepmall.com.cn http://www.hepmall.cn http://www.hepmall.com
版　　次	2022年7月第1版
印　　次	2022年7月第1次印刷
定　　价	49.00元
策划编辑	王　超
责任编辑	柴连静
封面设计	贺雅馨
责任绘图	贺雅馨
版式设计	王　洋
责任校对	王　雨
责任印制	耿　轩

物 料 号　58518-00

内容简介

《朗道大众物理学》（共四册）是由苏联著名物理学家、1962 年诺贝尔物理学奖获得者朗道和基泰戈罗茨基教授所著。它以通俗的形式向读者介绍了现代物理学的基本概念和截至 20 世纪 70 年代物理学取得的成就。本丛书注重基础理论的介绍，内容丰富、语言生动，并配有幽默形象的插图，既有科学性，又有趣味性，是一套难得的科普著作。俄文原版书出版后，许多国家引进并多次再版，深受读者欢迎。

本书为丛书的第二分册，主要阐述物质结构学说和与分子运动有关的问题，以及热力学定律。书中也涉及相变和大分子的知识。可供具有中等及以上文化程度的学生、科技人员、大中学教师阅读。

第四版序

这本书名叫做“分子”。Л. Д. 朗道和 А. И. 基泰戈罗茨基所著的《大众物理学》第三版后一半内容中的很多章，都没有改变地列入本书中。

本书主要阐述物质结构学说的各个不同方面。在这里暂时仍把原子看成是德谟克利特所描绘的那样——不可再分割的粒子。书中也谈到了与分子运动有关的问题，它们是近代关于热现象理论的基础。当然，其中也涉及相变的问题。

自第三版《大众物理学》出版以来的这些年，我们关于分子结构、分子间相互作用的知识显著地增多了。由于在物质分子结构的问题和物质性质的问题之间的许多联系被发现，从而促使我在书中增加了很多篇幅的新材料。

我本来以为在标准教科书里早就应该写进比氧、氮和二氧化碳等分子更复杂的一般性知识，可是直到现在，在大多数物理课本中，作者们仍不认为引入比较复杂的复合原子是必要的。然而要知道，高分子已经以各种各样合成材料的形式经常出现在我们的日常生活中了。另外，出现了一门新的学科——分子生物学，它使用蛋白质分子和核酸分子来解释生命现象。

同样，像通常那样，不讲有关化学反应的问题也是不应当的。因为我们需要描述关于分子碰撞的物理过程，这些过程往往会引起分子的改组。如果学生或读者懂得了分子的这些行为，则给他们解释核反应的本质就要容易得多。

我在修改本书的过程中感到，将前一版《大众物理学》的一些内容移到下一册中去更为合适。例如，在分子力学一章中，关于声学我认为只说几句话就够了。

同样，关于波运动的特性，可适当移到讨论电磁现象之前。

新版《大众物理学》一套共四册（《宏观物体》《分子》《电子》《光子和原子核》），它包括物理学的全部基础知识。

А. И. 基泰戈罗茨基

1978 年 4 月

目　录

第一章 世界是由什么构成的?

1.1 元素

我们周围的世界是由什么构成的? 这个问题的最初回答，是古希腊人在 25 个世纪之前提供的。

乍一看，回答好像是十分古怪的。我们应当多用些篇幅，给读者说明古代哲学家们的逻辑——泰勒斯主张一切物体都是由水组成的，阿那克西美尼说世界是由空气组成的，而赫拉克利特则认为一切都是由火组成的。

这种解释难以理解，它使得后来的希腊“喜欢哲理的人”（哲学家）增多了基原（在古代把它们叫做元素）的数目。恩培多克勒主张元素有四种：土、水、空气和火。亚里士多德对这个学说作了最后的修正（它流行了很长时间）。

按照亚里士多德的意见，所有物体都是由同一物质组成的，但是，这种物质可以具有不同的性质。这些非物质的性质元素共有四种：冷、热、湿和干。当每两种结合在一起并形成物质时，亚里士多德的性质元素就构成了恩培多克勒的元素。例如，干和冷产生土；干和热产生火；湿和冷产生水；最后，湿和热产生空气。

不过，由于一系列问题难以解答，古代哲学家们也把“宗教的教义”补充到四种性质元素之中。上帝就像一个厨师，他把各种性质元素烩煮在一起。当然，借助于上帝就不难解释任何疑惑。

不过，在很长时期内——几乎延续到十八世纪，很少有谁敢于怀疑和提出问题。亚里士多德的学说得到了教会的承认。怀疑它就是发表邪说。

然而，怀疑还是发生了。诞生了炼金术。

在远古时代人们就已知道（阅读古人的札记，可以探知当时人们的想法），我们周围的一切物体都可以转变为另外的物体。燃烧树木、焙烧矿石、熔化金属——所有这些现象当时都已经为人们所知道。

这似乎与亚里士多德的学说没有矛盾。可以这样说，在任何转变中，元素的“配方比例”都发生了变化。如果整个世界是由四种元素组成的，那么，物体转变的可能性应当是很多的。需要寻找的是如何使一个物体变成另一个物体的秘诀。

当时，最吸引人心的是黄金，或是寻找特别罕见的、能够给拥有者带来财富、权力、永久青春的“点金石”。古老的阿拉伯人把制造黄金、“点金石”的科学，以及使任一个物体变成另一个物体的科学，叫做炼金术。

献身于炼金术的人们进行了几百年试验，他们没有制出黄金，没有找到点金石。然而，他们积累了关于物质转变的许多有价值的事实，这些事实最后给炼金术判处了死刑。到了十七世纪，许多人都已清楚地知道，基本物质——元素的数目远远多于四种。水银、铅、硫、金、锑是不能再分解的物质，不能再说这些物质是由元素组成的。相反，不得不把它们列为元素。

在 1661 年，英国出版了罗伯特·玻意耳的一本书《多疑的化学家》(或《对炼金术元素的怀疑和奇论》)。在这本书里，我们找到了关于元素的全新定义。这已不是捉摸不着的、神秘抽象的炼金术元素了。现在，元素是物质，是物体的组成部分。这种说法与元素概念的现代定义不矛盾。

玻意耳的元素表是不大的。火也包括在玻意耳的正规元素表中。并且在这以后，性质元素的观念仍然存在。甚至在法国著名化学家（人们常把他看作化学的奠基人）拉瓦锡（1743—1794）的元素表中，除了实际元素之外，也还列入了无重量的元素：热素和光物质。

十八世纪上半叶，已知的元素有 15 个。到十八世纪末，已知元素的数目增加到 35 个。诚然，其中只有 23 个是实际的元素，其他的或是不存在的元素，或是化合物（例如氢氧化钠和氢氧化钾）。

到十九世纪中叶，化学手册里已列入 50 种以上不能再分解的物质。

伟大的俄国化学家门捷列夫发现的周期律，是人类主动寻找尚未发现的元素的指针。现在谈论这个定律还太早，只是提一下：门捷列夫周期表告诉我们，应当怎样去寻找尚未发现的元素。

到二十世纪初，已经发现了自然界中存在的几乎所有的元素。

1.2 原子和分子

大约两千年前，在古罗马出现了一篇独特的长诗，作者是罗马诗人卢克莱修。卢克莱修的长诗题目是《物性论》。

卢克莱修在自己的诗作中用响亮的诗句，阐述了古希腊哲学家德谟克利特对世界的看法。

这个看法是什么呢？就是关于组成我们世界一切物体

最小的、看不见的微粒的学说。德谟克利特在观察了各种不同现象以后，力图对它们作出解释。

例如，给水加热时，水转变为看不见的水蒸气，并被蒸发掉。怎样解释这个现象呢？显然，水的这种性质是跟它的内部结构有关的。

又如，为什么我们可以嗅到附近花的香味？

思考类似这些问题的时候，德谟克利特确信，物体看上去好像是整个的，而实际上，它们都是由最小的微粒组成的。对于不同的物体来说，这些微粒的形状不同，但它们都非常小，看到它们是不可能的。因此，任何物体看上去都是整个的。

德谟克利特把组成水和所有其他物体的这些最小的、不可再分割的微粒叫做“原子”，它在希腊文中的意思是“不可再分割的”。

24 个世纪以前诞生的、古希腊思想家的这种卓越设想，后来长时期地被忘却了。亚里士多德的错误学说在科学界统治了一千多年。亚里士多德在承认所有物质都可以相互转化的同时，坚决反对原子的存在。亚里士多德曾说，可以把任何物体无限地分割。

法国人伽桑狄于 1647 年写了一本书，书中勇敢地否定了亚里士多德的学说。他认为世界上所有物质都是由不可再分割的微粒——原子所组成的。各种物质的原子在形状、大小和质量上，彼此各不相同。

伽桑狄在赞同古代原子学说的同时，又进一步发展了这个学说。他阐述了自然界的千百万种物体是怎样形成的。为此，他认为原子的种类不必很多。原子相当于造房屋的建筑材料。用三种不同形式的建筑材料——砖、木板和圆木，可以建成大量不同式样的房屋。同样，由自然界中几十种不同的原子可以构成千万种各式各样的物体。在各个物体中，各种原子结合成许多小组。伽桑狄把这些小组叫做“分子”。“分子”这个词在拉丁文中的意思是“群”。

各种物体的分子是由不同数量和不同种类的原子组成的。不难想象，由几十种不同的原子，可以构造无数种分子。所以，我们周围的物体是各式各样的，丰富多彩的。

然而，伽桑狄的观点也有许多是错误的。例如，他认为热、冷、尝到的滋味、闻到的香味，都是特殊的原子。正如当时其他许多学者一样，他也不可能完全摆脱亚里士多德的影响，他也承认有亚里士多德的非物质元素。

在罗蒙诺索夫——俄国伟大的教育家和科学奠基者——的著作中，阐述了下列一些见解，这些见解都被以后的实验所证实。

罗蒙诺索夫写道，分子可以是同种的和异种的。在第一种情况下，分子是由同种原子组成的；在第二种情况下，分子是由不同种原子组成的。如果某一个物体是由同种分子组成的，则应当把它看作简单的；相反，如果物体是由不同种的原子构成的分子所组成的，就把它叫做混合的。

现在我们已经熟知，自然界的各种物体正是具有这样的结构。例如氧气，在每个氧分子里都包含着两个相同的氧原子，这是简单物质的分子。如果组成分子的原子是不同的，则就是“混合的”、复杂的化合物；它的分子是由作为化合物成员的化学元素的原子所组成的。

可以换一种说法：简单物质是由同一种化学元素的原子构成的；复杂物质包含有两种或更多种元素的原子。

许多思想家都引用有利于原子存在的逻辑论据来谈论原子。英国学者道尔顿认真地把原子作为科学研究的对象。他证明：有一些化学规律，只有利用原子的概念才能解释。

道尔顿以后，原子牢固地成了科学研究的对象。然而，在很长时间内仍然有一些科学家不相信有原子存在。有一位科学家在十九世纪末曾写道：“几十年以后，可以在图书馆的灰尘里找到原子”。

现在若有人发表这样的见解可能会令人发笑。我们现在已知道很多关于原子“生活”的详细情况，今天若再怀疑原子的存在就好像怀疑太平洋是否存在一样无知。

化学家测定了原子的相对质量。最初是取氢原子的质量作为原子质量的单位。氮的相对原子质量等于 14，氧约等于 16，氯约等于 35.5。后来又另选定了原子量的相对单位，使天然氧的原子量等于 16.000 0。这样，氢的原子量就等于 1.008。

不言而喻，人们不仅要知道原子的相对质量，而且还要知道它们的绝对值。为此，只要测出任一种原子的绝对质量就够了。目前，被选作基准的不是氧，也不是氢，而是碳。现在科学家们不能完全信任原子绝对质量的测定，而按如下方法处理：假设碳的同位素 ^{12}C 的质量精确地等于 12 个原子质量单位 m_A。然后，他们并不特别注意原子绝对质量的测量精度，而是令：

$$m_A = 1.662 \times 10^{-24}\ g。$$

无论如何说，这个数值跟真实值都没有多大差别。看来，这是多余的小心，因为今天达到的精确度大约等于百万分之一。一个世纪以来科学有了很大进步，在 1875 年我们说到 m_A 的数值时，误差可能有 30%。

究竟怎样测量原子的质量？不言而喻，物理学家不会去制作一边放一个原子，另一边用砝码平衡它的天平。从一百年前到现在，物理学家都是利用间接的实验来完成这个任务的。用间接实验得出的结果一点也不比用直接称量的方法所获得的结果差。但是，不进行称量是过不了这一关的！只不过在天平上不是放一个原子，而是放一个由 ^{12}C 制成的固体球（实际上的做法略有不同，但重要的是说明测量方法的思想，因此，希望学识渊博的读者能原谅我们采取的这种简化）。知道球的质量和它的尺寸，就可以确定它的密度。所用物质应当是理想的晶体。达到这个要求是不容易的，但在某种程度上是可能的。如果这样，则可以认为用实验求得的密度 ρ 可用下式表示：

$$\rho = \frac{Zm_A}{V}。$$

式中 V——晶体基元的体积，而 Z——基元中的原子数。这两个量值都要利用在本书第四册中将要介绍的 X 射线的方法来测定。

用这种方法可以很精确地测定原子的质量单位。目前最可信的数值是：

$$m_A = (1.660\ 43 \pm 0.000\ 31) \times 10^{-24}\ \text{g}。$$

现在请读者想象并体会一下这个数字是多么小。设想：若向地球上的每个人都索取十亿个分子，集中起来是多少物质呢？——总共只有十亿分之几克。

还可以作这样的比较：地球比苹果重多少倍，苹果就比氢原子重多少倍。

原子质量单位的倒数，等于阿伏伽德罗常数：

$$N_{\mathrm{A}} = \frac{1}{m_{\mathrm{A}}} = 6.022\,094\,3 \times 10^{23}。$$

这个巨大的数字具有下列意义。我们取一种物质，它的质量等于原子或分子的相对质量 M，例如，取 12 g 的碳同位素 $^{12}\mathrm{C}$。也可以简短地说，我们取 1 mol 物质（见本书第一册第一章第三节，当我们讲国际单位制 (SI) 时，给出了摩尔的定义）。1 mol 物质的质量等于 Mm_{A}。因此，12 g 碳所含有的碳原子的数目（或者说 1 mol 物质中的原子、分子或任意其他粒子的数目）等于：

$$\frac{M}{Mm_{\mathrm{A}}} = N_{\mathrm{A}},$$

即等于阿伏伽德罗常数。

很长的一段时期，物理学家们不认为利用“物质的量”这个概念是必要的。当我们仅仅是跟分子和原子打交道时，把摩尔定义为以克表示的分子量（原子量）就完全可以了。

可是，后来又出现了离子、电子、介子……于是得出结论：用粒子的质量来表征粒子群并不总是方便的。这样就出现了物质的量的单位——摩尔，单位符号为 mol。当我们说“1 mol 电子”“1 mol 铅原子核”或“1 mol π 介子”时，我们所指的不是这些粒子的质量，而只是它们的数目（读者以后会知道，粒子的质量与它们的运动速度有关）。但是摩尔的旧定义仍然有效。因为 N_A 个任意原子或分子的质量，实际上等于用克表示的原子量或分子量。阿伏伽德罗常数没有改变含意，现在它只是得到了一个新的名称：阿伏伽德罗常量，单位为 mol^{-1}。

1.3 热是什么？

热的物体和冷的物体有什么不同？直到十九世纪初，对这个问题的回答一直是：热的物体比冷的物体包含更多的热素。这完全像汤里含的盐愈多，汤就愈咸是一样的。热素是什么呢？回答是："热素是一种热物质，是火的单元。"这种回答是神秘的，是不可理解的。事实上，这种回答就像回答"绳子是什么？""绳子就是绳子"一样。

除了热素理论以外，很早就存在着关于热本质的另一种理论。十六世纪到十八世纪的许多著名学者在捍卫这个理论的过程中作出了辉煌的贡献。

培根在自己的著作《新的工具》一书中写道："热本身就是运动……热是物体微粒的移动。"

胡克在《微观图像》一书中断言："热是物体粒子的连续运动……粒子在其中处于静止状态的物体是没有的。"

我们在罗蒙诺索夫的著作《关于热和冷的原因》(1745年)一书中找到了特别清晰的解释。在这部著作中罗蒙诺索夫否定了热素的存在，并说："热是物质微粒的内运动。"

十八世纪末，朗福德很生动地说："组成物体的微粒运动得愈激烈，物体就愈热；这好比把钟摇动得愈猛烈，钟发出的声音就愈响亮一样。"

在这些卓越的超时代猜测中，隐藏着关于热本质近代观点的基础。

有时候天气是宁静、晴朗的。树叶静止不动，平静的水面甚至连一轮轻微的粼波也没有。周围的一切似乎都严格地静止不动。然而这个时候，在原子和分子的世界中正进行着什么呢？

关于这个问题，当代的物理学可以叙述很多很多。无论在什么时候，无论在什么条件下，组成世界的微粒的不可见运动，都是永不停止的。

为什么我们不能看见这些粒子的运动呢？粒子都在运动，而物体是静止的，这是怎么回事呢？……

你曾经看过这样一群小昆虫吗？在无风的好天气，一个昆虫群好像是悬在空中。而在这一群的内部却进行着紧张的活动。数百只昆虫向右边飞，同时也有同样数目的昆虫向左边飞。整个昆虫群仍悬在原处，并且不改变自己的形状。

原子和分子的不可见运动正是具有这种紊乱的、无秩序的特性。如果某一个分子离开了，则另外一个分子立刻补进到这里。因为新来的分子与逸去的分子之间没有丝毫区别，所以，物体仍然保持原样。粒子无序的、紊乱的运动并不改变宏观世界的性质。

然而，我们的读者可能会问，这个议论是不是空话？即使这些议论很动听，又比热素理论令人信服多少呢？难道有谁看见过物质微粒永不停息的热运动吗？

利用最简单的显微镜就可以看见微粒的热运动。早在一百多年前英国植物学家布朗就首先观察到了这个现象。

有一次，当他在显微镜下观察植物内部结构时发现，悬浮在植物汁液中的物质小颗粒在不停地往各个方向运动。这引起了布朗的注意：是什么力量迫使这些小颗粒运动？或许，存在某种有生命的东西？他决定再用显微镜观察混在水中的黏土小颗粒。然而，这些显然是没有生命的小颗粒也不肯停息一会儿，它们不断地作无规律的运动。颗粒越小，它们的运动速度越快。布朗耐心地观察了这个水滴，想等待水滴中的小颗粒停止运动。但他发现，小颗粒的运动永远也不会停止，好像有一种不可见的力量，在时时刻刻地推动着小颗粒运动。

布朗发现的小颗粒的这种运动就是热运动。热运动是大颗粒和小颗粒、分子群和单个分子（或原子）所固有的运动。

1.4 能量永远守恒

据上所述，世界是由运动着的原子构成的。原子具有质量，运动的原子具有动能。当然，单个原子的质量是难以想象的小，因而它的能量也是极小的；但是要知道，原子的数量却是惊人地多！

应当说明一下，虽然我们曾讲过能量守恒定律，但这还不是普遍的能量守恒定律。动量和动量矩的守恒可以在实验中观察到，而能量的守恒只有在理想情况下——在没有摩擦的情况下才能观察到。在实际观察中能量似乎总是减少的。

我们在以前丝毫也没有谈到过原子的能量。自然会产生一种想法：乍一看来某物体的能量是在减少，事实上能量却不知不觉地传递给了物体的原子。

原子遵循力学规律。不错，原子的力学有它自己的特点（关于这一点读者应当阅读其他书籍），但这不能改变事物的本质——对于机械能守恒定律来说，原子与宏观物体没有丝毫差别。

这就是说，只有在考虑物体机械能的同时也考虑到物体和周围介质的内能，总的能量才是守恒的。只有在这种情况下，能量守恒定律才是普适的。

物体的总能量都包括哪些能量呢？实际上，我们已经说出了它的第一个成分——所有原子动能的总和。然而，不应当忘掉原子间还有相互作用。因此，还应当加上这种相互作用的势能。总之，物体的总能量等于物体粒子动能的总和加上粒子彼此之间相互作用势能的总和。

不难理解，物体整体的机械能只是其总能量的一部分。要知道，当物体静止时，它的分子没有停止运动，彼此之间的相互作用也没有中断。静止物体的粒子热运动能量和粒子的相互作用能量组成物体的内能。因此，物体的总能量等于机械能和内能的总和。

引力能量，即物体粒子与地球相互作用的势能，也包括在物体整体的机械能之中。

考虑到内能时，我们就不再认为能量丢失了。当我们通过能够把事物放大几百万倍的玻璃仪器观察自然界时，我们感到情况是和谐、清晰的。我们不会再看到机械能的丢失，而只是看到机械能转变为物体或介质的内能。那么，外力作的功丢失了吗？没有！这些能量消耗在加速分子间的相对运动，或改变分子间的相互位置上了。

分子遵循机械能守恒定律。在分子世界中没有摩擦力；支配分子世界的是势能与动能之间的相互转化。只有在不能察觉分子的宏观世界中才会感到“能量丢失”。

如果在某一现象中，机械能的全部或一部分丢失了，则参与这个现象的物体和介质的内能正好增加这么多。换句话说，机械能没有任何损失地全部转化为分子或原子的能量。能量守恒定律是物理学最严格的会计员。在任何现象中能量的输入和输出都应当严格相等。如果在某一现象中不是这样，那么就意味着有某种重要的事物逃避了我们的注意。在这种情况下，能量守恒定律就发出信号：研究者，请你重新作一次实验，提高测量的精确度，寻找能量不平衡的原因！物理学家们用这种方法不止一次地作出了新的重要发现，并且，一次又一次地证实了这个卓越定律是最严格最正确的。

1.5 卡路里

我们已经有两个能量单位——尔格（erg）和千克力·米（kgf·m）①。好像是足够了。然而在研究热现象时，习

① 1 erg = 10^{-7} J。1 kgf = 9.806 65 N。erg 和 kgf 均不是我国法定计量单位。——编者注

惯上还使用第三个单位——卡路里。

下面我们将看到，表示能量所用的单位还不止这些。

或许，在每一种具体情况下使用相应的能量单位更为方便、也更为合理。然而，在涉及稍微复杂一点的能量换算时（从一种能量形式换算到另一种能量形式），常常会在单位换算方面发生严重的混乱。

为了便于计算，新的国际单位制（SI）对于功、能量和热量采取同一个单位——焦耳（J）。考虑到传统习惯，使用新的通用单位制还需要一段时间，了解一下即将“停止使用”的热量单位——卡路里是有益的。

小卡路里（卡，cal）——为使 1 g 水温度升高 1 ℃ 所需的热量。

卡路里前面加一个“小”字，是因为有时使用“大”卡路里，它是卡的 1 000 倍［大卡路里通常用千卡（kcal）表示］。

用力学的方法使水温度升高时，可以求得能量与功的力学单位——尔格或千克力 · 米之间的关系。这种实验作过不止一次。例如，用猛烈搅拌的方法，可以提高水的温度。为使水温升高而消耗的机械功可以精确地测量。从这些测量得知：

$$1\ \text{cal} = 0.427\ \text{kgf} \cdot \text{m} = 4.18\ \text{J}。$$

能量的单位与功的单位是一致的，所以可以用卡来量度功。把 1 kg 的物体举高 1 m 需要消耗 2.35 cal 能量。因为这样说听起来不习惯，而且，把重物的升高与水的增温相对比也不方便，所以，力学中不使用卡作能量单位。

1.6 讲一点历史

只有热的力学本性的概念牢固地被确立，并且，在技术上把热与功的等效问题作为重要的实际问题提出来以后，才能表述出能量守恒定律。

建立热量和功之间定量关系的第一个实验是由著名的物理学家朗福德（1753 — 1814）作的。他曾在制造大炮的工厂里工作。在钻炮膛时要散发出大量的热。怎样计算这个热量呢？用什么作为热的量度单位呢？用水冷却炮筒时，水温会升高。朗福德首先把钻炮膛时所消耗的功，跟一定量的炮筒冷却水的温升联系起来。在此项研究中，下述想法第一次浮现出来：热量和功之间存在着一种固定的联系。

发现能量守恒定律的第二步是确立了下述重要的事实：所消耗的功正比于涌现出来的热量。这样，热和功的固定联系就找到了。

法国物理学家卡诺给出了所谓热功当量的第一个定义。卡诺死于 1832 年，当时才 36 岁，死后留下了手稿，五十年后才发表。卡诺的发现当时是无人知道的，对科学的发展也没有起作用。卡诺在自己的论文中曾作过计算：把 1 m^3 水举高 1 m 所需要的能量等于使 1 kg 水升高 2.7 ℃（正确的数字应为 2.3 ℃）所需要的能量。

海尔布隆的医生罗伯特·迈耶于 1842 年发表了自己的第一篇论文。虽然迈耶所使用的术语与我们常用的不一致，但只要仔细阅读他的论文就可以知道：他的论文描述了能量守恒定律的主要轮廓。迈耶把物体的内能（“热能”）、引力势能和动能区分开。他力图从抽象的结论中导出能量在各种转化中守恒的必然性。为了用实验检验这个论断，应当有一个测量这些能量的共同量度单位。迈耶由计算得出，使 1 kg 水升高 1 ℃ 所需的能量相当于把 1 kg 物体举高 365 m 所需的能量。

在三年以后发表的第二篇论文中，迈耶指出了能量守恒定律的普遍性——它可以适用于化学、生物学以及宇宙现象。迈耶还认为能量可以具有磁的、电的以及化学的形式。

著名的英国物理学家焦耳（与迈耶的工作无关）在发

现能量守恒定律的工作中作出了重大贡献。

如果说迈耶的特点是有一些含混哲学的倾向，那么用严格的实验方法来研究现象是焦耳的主要特点。焦耳指出了问题的本质，并用特别仔细安排的专门实验作出了回答。在焦耳所作的一系列实验中，他无疑地遵循着同一个指导思想——寻求计算热的、化学的、电的和机械作用的一个共同量度；他还力图证明，在所有这些现象中，能量是守恒的。焦耳这样表述了自己的思想："在自然界中，如果不发生相应的其他作用，作功的力是不会消失的。"

焦耳在 1843 年 1 月 24 日报告了他的第一篇论文，同年 8 月 21 日，焦耳报告了自己在建立热量和功的共同量度方面所得出的结果：使 1 kg 的水升高 1 ℃ 所需的能量相当于把 1 kg 的物体举高 460 m 所作的功。

在以后的几年中，焦耳和其他许多研究者花费了很大精力来修正热功当量的数值，并且力图证明这个热功当量的普遍适用性。到十九世纪四十年代末逐渐弄清楚了：无论用什么方法使功转化为热，所产生的热量总是跟所消耗功的数量成正比。可惜，虽然焦耳为能量守恒定律奠定了实验基础，但是他在自己的论文中并没有明确地说出这个定律。

德国物理学家亥姆霍兹完成了这项工作。亥姆霍兹于

1847 年 7 月 23 日在柏林物理协会的会议上宣读了论能量守恒原理的论文。在这篇论文中，他首先清晰地阐述了能量守恒定律的力学基础。世界是由原子组成的，原子具有势能和动能。如果物体或系统不受外界影响，则组成该物体或系统粒子的势能和动能的总和不可能改变。这就是由亥姆霍兹首先正式成文的能量守恒定律。

在亥姆霍兹的工作以后，其他物理学家们所需要做的只是验证和运用能量守恒原理。到十九世纪五十年代末，所有这些研究成果都证实了能量守恒定律是自然界的基本定律。

在二十世纪曾经出现过一些现象，它们使物理学家怀疑能量守恒定律的正确性。但这些现象后来弄清楚了。到目前为止，能量守恒定律始终经受住了一切考验。

亥姆霍兹（1821—1894）——著名的德国科学家。亥姆霍兹在物理学、数学和生理学方面取得了巨大的成就。他在强调指出了能量守恒定律的普遍性之后，第一个（1847 年）给出了这个定律的数学解释。亥姆霍兹在热力学的研究中获得了出色的成果，他第一个把热力学应用到对化学过程的研究中去。亥姆霍兹在液体涡旋流动方面的工作给流体动力学和空气动力学打下了基础。在声学和电磁学方面，他也进行了一系列有价值的研究。亥姆霍兹发展了音乐的物理理论。亥姆霍兹在自己的物理学研究工作中常常使用独出心裁的强有力的数学方法。

第二章 物质的结构

2.1 分子内部的化学键

分子是由原子组成的。分子中的各个原子是以某种力相互结合着的，这种力叫做化学键。

存在着由两个、三个或四个原子所组成的分子。最大的分子——蛋白质分子，是由几万个、甚至几十万个原子组成的。

分子的领域是各种各样的。目前，化学家们已从自然界的物质中分析出、并在实验室中制造出由各种各样分子构成的几百万种物质。

分子的性质不仅决定于在它的结构中某一类原子有多少，而且还决定于这些原子是按怎样的顺序和怎样的方式结合着的。分子不像一堆砖，而像一个复杂的建筑结构，这里的每一块砖都有自己的位置和完全确定的邻居。组成分子的原子的结构在某种程度上可说是刚性的。在任何情况下，每个原子都在自己的平衡位置附近振动。在一些情况下，分子的一部分可以相对于另一部分旋转，使自由的分子在其热运动过程中有各种奇异的外形。

现在我们比较详细地分析一下原子间的相互作用。双原子分子的势能曲线如图 2.1 所示。它具有独特的形状——开始时向下，然后向上弯曲，形成一个“谷”，最后缓慢地趋近于零。

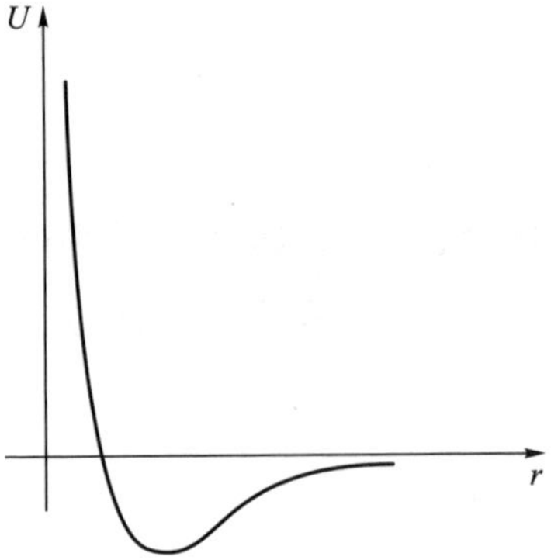

图 2.1

我们知道，势能最小的状态是稳定态。当原子作为分子的一员时，它就“呆在”势能谷内，在平衡位置附近作微小的热振动。

从坐标原点到谷底横坐标的距离，叫做平衡距离。假如原子停止了热运动，它就停在这个位置上。

势能曲线可以说明原子间相互作用的一切细节。在某一距离时，粒子是相互吸引还是相互排斥；当粒子互相远离或互相靠近时，相互作用力是增大还是减小。所有这些信息都可以通过分析势能曲线得知。位于谷底左边的原子受到排斥力的作用；相反，位于谷底右边的原子则受到吸引力的作用。曲线的陡度还表明一个重要的特性：曲线越陡，原子在该点受到的作用力就越大。

在距离比较大的时候，原子间彼此吸引，这个吸引力随着它们之间距离的增大而急剧地减小。原子相互接近时，起初吸引力增大；当接近到一定程度时，吸引力达到最大值。若再进一步靠近，吸引力就开始减小；最后，在平衡距离处，相互作用力等于零。当原子彼此靠近到小于平衡距离时，就出现排斥力。这个排斥力随着距离的缩小而急剧增大，并很快地使进一步减小原子间的距离成为实际上不可能的事情。

对于不同种类的原子来说，原子间的平衡距离（以下简称距离）是不同的。

对于不同的原子对来说，不仅从坐标原点到谷底的横坐标的距离不同，而且谷的深度也不同。

谷的深度的意义很单纯——为了从谷底跑出来，需要的能量恰好等于谷的深度。因此，可以把谷的深度叫做粒子的结合能。

分子中原子间的距离是相当小的，为了测量这个距离，应当选取合适的单位，否则，表示这个距离的数值就必然显得累赘，例如：0.000 000 012 cm——这是氧分子的数据。

描写原子世界最方便的长度单位叫做埃（这个单位是以瑞典学者的姓命名的，通常用字母 A，上面再加一个小圈来表示）：

$$1\ \text{Å} = 10^{-8}\ \text{cm}$$

即等于 1 cm 的一亿分之一。

分子中原子间的距离在 $1 \sim 4$ Å 范围内。上面写的氧原子的平衡距离等于 1.2 Å。

我们看到，原子间的距离是很小的。如果用绳子环绕地球赤道一周，则这根“腰带”的长度比我们手掌的宽度大多少倍，手掌的宽度就比分子中原子间的距离大多少倍。

结合能的大小通常用卡表示。但它不是对一个分子而言的（不用说，一个分子的结合能是极微小的），而是对 1 mol 分子而言的，即是对等于相对分子量的大量分子而言的。

显然，如果用每摩尔的结合能被阿伏伽德罗常量 $N_{\text{A}} = 6.023 \times 10^{23}\ \text{mol}^{-1}$ 除就可以知道一个分子的结合能。

分子中原子的结合能，像原子间的距离一样，在不大的范围内变动。

例如，对于氧，结合能等于 116 000 cal/mol；对于氢，结合能等于 103 000 cal/mol，如此等等。

我们曾经说过，分子中的原子彼此是以完全确定的方式排列的。复杂分子的结构是相当奥妙的。

让我们举几个简单的例子。在 CO_2（二氧化碳气体）分子中，所有三个原子排成一条直线，碳原子在中间。水分子 H_2O 是呈三角形的，位于顶角（它等于 105°）上的是氧原子。

在氨 NH_3 的分子中，氮原子位于三棱锥体的顶点。在甲烷 CH_4 的分子中，碳原子处在正四面体的中心。

苯 C_6H_6 分子中的碳原子形成一个正六角形。六个氢原子分别位于这个六角形的所有顶点向外的辐射线上。所有的原子都处于一个平面内。

这些分子中原子的排列如图 2.2 和图 2.3 所示。图中的线象征着结合关系。

发生化学反应就是由一些分子形成另一些分子。一种结合破裂了，另一种结合重新建立起来。为了破坏原子间的结合，就像要使小球从谷底滚出来那样，需要消耗一定

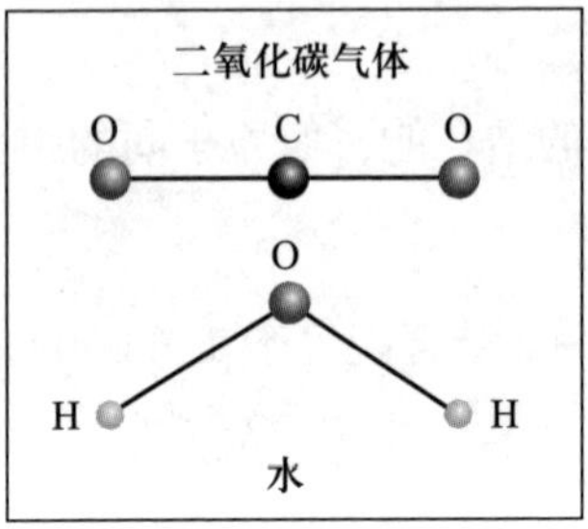

图 2.2

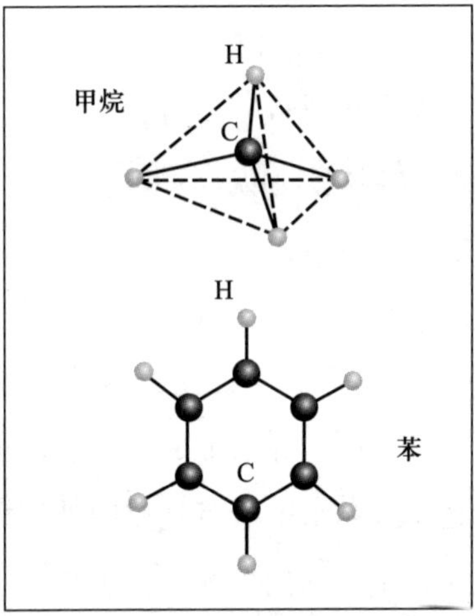

图 2.3

数量的功；相反，当形成新的结合时，就像小球滚到谷底那样，会放出能量。

为破坏原子间的结合需要消耗的能量与原子结合成

分子时放出的能量，哪一种更大？在自然界中这两种类型的反应我们都经常碰到。

在化学反应中放出的多余能量叫做热效应，或叫做反应热（转化热）。反应中出现的热效应数值大都是每摩尔几万卡，这是一个很大的数字。所以，通常把热效应作为化学反应式中的一项来考虑。

例如，燃烧碳单质时的反应，即碳与氧化合的反应，可写作：

$$\mathrm{C + O_2 == CO_2 + 94\ 250\ cal}。$$

这就是说，当 1 mol 碳与 1 mol 氧化合时要放出 94 250 cal 的能量。

1 mol 碳和 1 mol 氧内能的总和等于 1 mol 二氧化碳气体的内能加上 94 250 cal。

由此可见，这种写法具有描述内能量值关系代数式的明显意义。

利用这种方程可以求得化学反应的热效应。由于各种原因，这些热效应难以用直接测量的方法得到。例如，假设希望使碳（石墨）与氢化合，产生乙炔气体：

$$\mathrm{2C + H_2 == C_2H_2}。$$

实际上不可能发生这样的化学反应。但是可以求出这个化学反应应当产生的热效应。我们可以写出三个已知的

反应，

碳的氧化：

$$2C + 2O_2 = 2CO_2 + 188\,000\ \text{cal},$$

氢的氧化：

$$H_2 + \frac{1}{2}O_2 = H_2O + 68\,000\ \text{cal},$$

乙炔的氧化：

$$C_2H_2 + \frac{5}{2}O_2 = 2CO_2 + H_2O + 312\,000\ \text{cal}。$$

可以把所有这些等式看成分子结合能的方程式。如果这样，则可以像代数式那样利用它们。解以上方程式，可得：

$$2C + H_2 = C_2H_2 - 56\,000\ \text{cal}。$$

这就是说，我们希望实现的这个化学反应，每摩尔需要吸热 56 000 cal。

2.2 物理分子和化学分子

在科学家们掌握了物质结构的详细情况之前，人们并不知道需要区分物理分子和化学分子这两个概念。当初人们曾以为，分子就是分子，即物质的最小单元。似乎这就是该说的一切。然而，情况并不是这样。

当我们谈到“分子”这个术语时，可以有两种不同的含意。我们曾谈到的二氧化碳气体、氨、苯的分子，和实际上一切有机物（我们尚没有谈到）的分子，都是由彼此紧密结合着的原子组成的。当溶解、熔化、蒸发时，原子间的结合并不被破坏。这时，在任何物理作用和物理状态的变化中，分子仍然是单个的粒子，是微小的物理实体。

但是，情况远远不总是这样。对于大多数无机物来说，谈到分子时只能从化学的意义上来理解它。例如，食盐、方解石或碱，这些众所周知的无机物，就不存在上述意义上的微粒。我们找不到这样单个的晶体微粒；当溶解时，这些分子就解体了。

糖是有机物。因此，糖的分子“漂浮”在甜的茶水中。可是在盐水中，我们找不到任何食盐分子（氯化钠分子）。这些“分子”（我们不得不加上引号）在水中是以原子（更确切地说，是离子——带电的原子）的形式存在的。

同样，无论在蒸气中，还是在溶液中，分子的各个部分都是独自存在的。

把原子束缚在物理分子内的力叫做化学价的力。分子间的力是非化学价的力。然而，图 2.1 所示相互作用曲线的形状，在两种情况下是相同的。其区别只在于谷的深度。在化学价力的情况下，谷要深几百倍。

2.3 分子间的相互作用

分子间相互吸引，这是不可置疑的。假如在某一瞬间，它们彼此停止了相互吸引，则所有液体和固体就都分解为单个分子了。

分子间相互排斥，这也是无疑的，因为要不是这样的话，液体和固体就会非常容易地被压缩。

分子间的作用力，跟前面谈到过的原子间作用力很相似。我们已画出的原子势能曲线，也正确地表示了分子间相互作用的基本特征。然而，这两种相互作用之间也有如下重大的差别。

例如，把组成分子的氧原子之间的平衡距离，与凝固的氧中相邻两个分子的氧原子之间的平衡距离进行比较，差别是很明显的：组成分子的氧原子之间的平衡距离是 1.2 Å，不同分子的氧原子之间的平衡距离是 2.9 Å。

对于其他原子，也得到类似的结果。不同分子的原子间距离，比同一分子的原子间距离要大。因此，把分子与分子分开，比把分子中的原子分开要容易得多，并且，能量上的差别比距离上的差别更大。为破坏组成分子的氧原子之间的结合需要的能量约为 100 kcal/mol，而把两个氧分子分开需要的能量小于 2 kcal/mol。

这就是说，分子势能曲线的“谷”要离纵坐标轴更远一些，并且，“谷”的深度要浅得多。

然而，组成分子的原子间相互作用与分子间相互作用的差别，并不限于此。

化学家们已经证明，原子是与完全确定数目的其他原子结合成分子的。如果两个氢原子已组成了分子，则第三个原子就不能再与这个分子结合。氧原子是与两个氢原子结合成水的，若再增加一个原子与它们结合一般是不可能的[①]。

在分子间的相互作用中，我们没有发现任何类似的现象。当分子把邻近的一个分子吸到自己身边之后，一点也没有丧失自己的“吸引力”。只要空间挤得下，其他邻近的分子总是可以靠拢过来的。

“只要空间挤得下”是什么意思呢？难道分子真像个苹果或者鸭蛋要占据一定的空间？当然，从某种意义上来说，这种比喻是正确的：分子是具有一定“大小”和“形状”的物理客体。分子间的平衡距离不是别的什么，而正

① 在一定的条件下，增加一个氧原子可以构成过氧化氢分子 H_2O_2，但这已不是水分子 H_2O 了。——译者注

是分子的“大小”。

2.4 热运动是什么样的?

在分子的“生活”中，分子间的相互作用具有或大或小的意义。

物质的三态——气态、液态和固态之间的区别就在于分子间的相互作用在各态中所起的作用是不同的。

“气体”这个词在希腊文中的含意是“杂乱无章”。科学家在选用这个术语时所考虑的正是这个含意。

的确，物质的气态是在自然界中存在着粒子相互位置完全无规律和运动状态完全无规律性的一个例子。没有可以用于观察气体分子运动的显微镜，但是，尽管这样，物理学家还是能够详细地描述这种不可见世界的生活。

在通常条件（室温和 1 个大气压）下，每立方厘米的空气包含有大量的分子，约等于 2.5×10^{19}（即二千五百亿亿个分子）。平均每个分子占有的体积约为 4×10^{-20} cm^3，即相当于边长约为 3.5×10^{-7} cm（等于 35 Å）的正立方体。但是，分子本身是很小的。例如，氧气和氮气（空气的主要成分）的分子，平均直径约为 4 Å。

由此可见，分子间的平均距离比分子本身的尺寸约大

10 倍。这也就是说，空气中平均每一个分子所占有的体积约是分子本身体积的 1 000 倍。

设想一块平地上无规律地散落了一些硬币，在每平方米面积上平均约有一百个硬币。这就是说，在这本书这样大小的面积上约有一个或两个硬币。气体分子的稀薄程度大致就是这样。

每一个气体分子都处在不断的热运动状态中。

让我们跟踪观察一个分子。我们看到，它迅速地向右边某个方向运动。假如它在自己的路途中不遇到障碍，则它将以不变的速度沿着直线继续运动。但是，这个分子必然要与它的许多邻居相碰撞，就像相碰撞的两个台球那样。相撞以后它们将改变自己的运动方向。我们跟踪的分子向哪个方向跑呢？它的速度是增大了，还是减小了？各种情况都是可能的：因为碰撞可以是各式各样的。从前面，从后面，从右面，从左面，猛撞一下或轻轻擦过。显然，在这些随机相遇的情况下，我们观察的分子将无规律地受到各种撞击，在它所处的容器中向各个方向乱跑。

在相邻两次碰撞之间，气体分子通过的路程平均是多少？

这取决于分子的大小和气体的密度。分子越大，容器中的分子越多，相互碰撞的次数就越多。相邻两次碰撞之间分子通过的平均路程叫做平均自由程。在通常条件下，氢分子的平均自由程等于 11×10^{-6} cm，即等于 1 100 Å，氧分子的平均自由程等于 5×10^{-6} cm，即等于 500 Å。5×10^{-6} cm——二十万分之一厘米是很短的距离，但是，跟分子的大小相比，它并不算小。如果把分子运动的场景放大，使分子放大到台球那样大，则分子之间的平均自由程约为 10 m。

液体结构与气体结构有本质的不同。气体分子彼此相距较远，只是有时候相撞。液体中的分子总是紧密地挤在一起，就像麻袋里装的马铃薯那样。当然，还是有一点差别——液体分子始终处于不断地作无规律热运动的状态。由于它们一个挨着一个，所以不可能像气体分子那样自由移动。液体中的分子几乎总是在原地“踏步”，周围的邻居也几乎不变。它们只能在容器中作微小的移动。液体的黏性越大，这种移动就越缓慢。甚至在黏性很小的液体（例如水）中，在气体分子通过 700 Å 路程所用的时间内，液体分子仅能移动 3 Å。

在固体中，分子之间的引力起主要作用，使分子实际上总是处在一定的位置。热运动只表现在：分子在平衡位置附近不断地振动。固体分子没有有秩序的移动，所以我们说固体具有刚性。实际上，既然分子不变更邻居，则物体各部分之间的相对位置更不会变化了。

2.5 物体的压缩性

气体分子撞击器壁，就像雨点敲打屋顶一样。这种撞击的数目是巨大的，它们的作用汇集到一起就产生压强。利用气体的压强可以使发动机活塞运动，使炮弹发射，或使气球充气。大量分子的撞击产生大气压强，产生迫使开水壶盖跳动的压强，产生使子弹从枪膛中射出的力。

气体的压强与哪些因素有关呢？显然，每个分子对容器壁的撞击力越强，压强就越大。此外，压强还取决于单位时间内分子对容器壁撞击的次数。所以，容器中分子的数目越多，撞击次数越多，则压强越大。这就是说，气体的压强与它的密度成正比。

如果气体的质量一定，则体积压缩为几分之一，密度就增大几倍。这就是说，在密封容器中，气体的压强与体积成反比。或者换句话说，压强跟体积的乘积应当为恒量：

$$pV = \text{恒量}。$$

这个简单的定律是英国物理学家玻意耳和法国学者马里奥特发现的。玻意耳–马里奥特定律是物理学史上第一批定量的定律之一。不言而喻，这个定律应当在温度不变的条件下成立。

随着气体不断地被压缩，玻意耳－马里奥特方程的误差越来越大。分子彼此靠近，它们之间的相互作用开始影响分子的行为。

当分子间的相互作用力对气体分子的行为影响不太明显时，玻意耳－马里奥特定律是正确的，因此，玻意耳－马里奥特定律是适用于理想气体的定律。

对“气体”这个词加上“理想”这个形容词，听起来很有趣。理想——这意味着是完美的，意味着不可能更好。

对于物理学家来说，物理模型越简单越理想。它可以简化计算，使得解释物理现象变得简单明了。“理想气体”是最简单的气体模型。足够稀薄气体的行为，实际上与理想气体的行为是一样的。

液体的压缩性比气体的压缩性小得多。在液体中，分子与分子已经“相互碰到”了。压缩只是改善分子的排列，使之更为紧密；而当压强非常大时，压缩使分子本身被挤压得更为密实。液体分子之间的排斥力使液体非常难压缩，这可以从以下数字看出。当压强从 1 个大气压提高到 2 个大气压时，气体的体积减小一半，而这时，水的体积只改变 1/20 000，水银（汞）的体积只改变 1/250 000。

甚至深海中巨大的压强也不能使水明显地被压缩。实际上，10 m 高的水柱可以产生 1 个大气压。水下 10 km 深处的压强等于 1 000 个大气压，在这种情况下水的体积只减少 1 000/20 000，即 1/20。

固体的压缩性与液体的压缩性差不多，这不难理解——在这两种情况下，分子与分子已经相互碰得着了；分子之间相互排斥的作用力很强，要进一步缩短分子之间的距离已相当困难。例如，用 5 万到 10 万个大气压的超高压只能使钢的体积缩小 1/1 000，使铅的体积缩小 1/7。

从这些例子可以看出，在地面条件下不可能明显地压缩固态物质。

但是，宇宙中有这样的天体，它们被压缩得很密实。天文学家发现，存在有物质密度高达 10^6 g/cm^3 的星体。这些星体叫做白矮星（“白”表示它的光亮度的性质，“矮”表示它很小）。在这些星球内部应当存在巨大的压强。

2.6 表面力

能否从水中取出干的物体？当然可以，为此需要给该物体涂上不被水浸润的物质。

在手上涂上一些石蜡，把手放在水中。当你把手从水中拿出来时，手上没有水（可能会有两三滴水，只要轻轻一甩就可甩掉）。

在这种情况下可以说：水不浸润石蜡。水银几乎对所有的固体都不浸润：水银不浸润皮革、玻璃、木材……

水对于不同的物体表现出不同的性能。它紧紧依偎着一些物体，可是又不浸润另一些物体。水不浸润涂油的表面，但能很好地浸润干净的玻璃。水能浸润木材、纸、毛布料。

把水滴在干净的玻璃上，则它向四面漫流，形成很薄的一层水。如果把同样的一滴水放在石蜡上，则它仍保持球形水滴的形状，只是由于重力的作用，稍微压扁了一点。

煤油是能够“紧粘”在几乎所有物体上的物质之一。煤油可以在玻璃上或金属上向四面漫流，它可以从没有盖严密的容器中渗出来。不小心洒出来的煤油使人不得安生。煤油会漫延到很大的面积上，会钻进隙缝里，渗透到衣服里。因此，很难消除它难闻的气味。

利用物体的不浸润性可以作出许多有趣的小实验。例如，取一根针，给它涂上一层油，细心地把它平放在水中。针不沉没。仔细地观察可以看到：针压弯了水面，平静地躺在水洼里。然而，只要轻轻地按一下，针就会沉到水底。为了使针沉到水底，必须使针的很大一部分处于水中。

水的这个有趣的性质被小昆虫所利用，它们能很快地在水面上奔跑，而不把小爪子弄湿。

用浮游法选矿时，利用了浸润性。这个方法的实质在于：把捣碎了的矿石放到灌了水的洗矿槽里，在水里加入适量的专用油，这种油能够浸润有用矿石的碎粒，而不能浸润脉石（矿物中不需要的成分）的碎粒。当搅动时，有用矿石碎粒的表面就涂上了一层油膜。

把空气压入到矿物、水和油的混合物里，这样就会产生许多小的空气泡沫，空气泡会向上漂起来。浮选过程的原理是：涂上油的矿石碎粒附着在空气泡上。大量的空气泡像气球那样，带着有用的矿石碎粒向上升。

有用的矿石随着空气泡升到表面，脉石沉到水底。留下浮在上面的好矿石，把它们送到下一道工序以便选取“精矿”。通常，“精矿”只占全部矿石的百分之几。

表面的附着力可以破坏相互连通的诸容器中液面的均衡。这一点很容易证实。

如果把很细的（直径为十分之几毫米）玻璃管插在水中，相互连通的容器中液面分布的规律就被破坏了①。水在细玻璃管中很快地上升，水面明显地高于大容器中的水

① 在相互连通的各个容器中，液面的高度应当相同。只是在有毛细现象的情况下，液面的分布不遵守这一规律。——译者注

面（图 2.4）。

图 2.4

发生了什么事？是什么力量支持着升高了的液柱的重量？原来，水面升高是水与玻璃的附着力造成的。

只有当液体在相当细的管子里上升时，表面的附着力才能清晰地表现出来。管子越细，液体上升得越高，这种现象就越清晰。这种管子的内径只有十分之几毫米，我们把它叫做毛细管（意思是说，“细得像头发”的管子）。液体在毛细管中上升的现象叫做毛细现象。

毛细管能使液体上升多高呢？原来，液体的高度与毛细管的内径成反比。对于内径为 1 mm 的毛细管，水柱的高度为 1.5 mm；而对于内径为 0.01 mm 的毛细管，水柱的高度将达到 15 cm。

不言而喻，液体上升只有在浸润的条件下才是可能的。不难猜到：水银是不能在细玻璃管中上升的。相反，水银在玻璃管中要下降。水银不“喜欢”与玻璃接触，它力图使自己与玻璃的接触面收缩到重力所允许的最小限度。

有很多物体，它们好像是由很多细管组成的。在这些物体中，总可以观察到毛细现象。

植物和树木具有一系列的长管和气孔。这些管道的直径小于百分之一毫米。因此，毛细作用能够使土壤中的水分上升得非常高，并且能够把水送到植物的各部分中去。

吸墨纸是一种很方便的东西。如果你不小心把一滴墨水弄到纸上，而又需要很快把它弄干。这时你只要取一张吸墨纸，把它的一端轻轻放在墨水滴上，墨水马上就会被吸到吸墨纸上。

吸墨纸吸墨水是一种典型的毛细现象。如果用显微镜来观察吸墨纸，则可以看出它的结构。这种纸像是由纸的纤维所组成的不太密实的网，纤维彼此之间形成了又细又长的管道。这些管道起着毛细管的作用。

灯芯也具有由纤维组成的细长管道结构。灯油就沿着灯芯上升。利用灯芯还可以产生虹吸现象：把灯芯的一端放进盛液体的杯里，使得跨过杯口的另一端低于杯里的一端（图 2.5）。

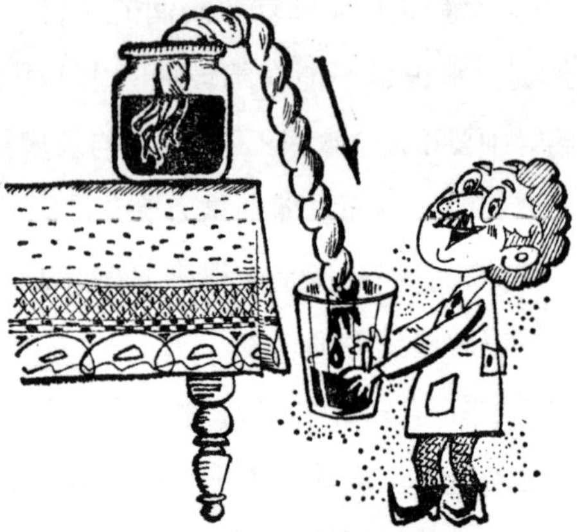

图 2.5

在染色的工艺过程中，也常常利用毛细现象。纺织品的纤维也形成许多毛细管，可以把液体吸入纺织品内。

下面我们简单谈一下这些有趣现象的机理。

利用分子间的相互作用可以很好地解释这些现象。

一滴水银在玻璃上不向四周漫流，这是因为水银原子之间相互结合的能量大于玻璃原子与水银原子之间的结合能。由于这个原因，水银在毛细管中不上升。

对于水，事情就不是这样了。原来，水分子中氧原子情愿与玻璃中的主要成分硅的原子结合。水分子与玻璃分子之间的相互作用力大于水分子与水分子之间的相互作用力。因此，水滴在玻璃上向四周漫流，并能在玻璃毛细管中上升。

不同物质之间的表面力，更准确地说，不同物质之间的结合能（图 2.1 中谷的深度），是可以测量和计算的。可是这个问题已超出了本书的范围。

2.7 晶体及其形状

很多人以为晶体都是漂亮的，是稀有的宝石。它们拥有各种不同的颜色，通常是透明的，而最美妙之处在于，它们具有漂亮规则的形状。晶体往往是多面体，它们的晶面是很光滑的平面，棱边笔直。非常规则的结构、晶面的奇妙光彩，看起来令人愉快。

可是，也有一些晶体看起来十分简朴。例如岩盐——天然的氯化钠，即普通的食盐，就是一种朴素的晶体。在自然界中，岩盐的形状是简单的长方体或立方体——透明的斜角平行六面体。石英是比较复杂的晶体，各个小晶体的晶面具有不同的形状，晶面相交处的棱具有不同的长度。

晶体完全不是什么稀有而贵重的珍品。我们周围到处都有晶体。建筑房屋和制造机器所用的固体，日常生活中使用的各种物质，它们几乎都是晶体。为什么我们看不出来呢？问题在于：在自然界中遇到的物体很少是单晶体。我们所遇到的绝大多数物质都是由许多微小的晶粒牢固地联结在一起而形成的，这些小晶粒非常小，其线度小于千分之一毫米。只有用显微镜才可以看到这种结构。

由小晶粒组成的物体叫做多晶体。

当然，多晶体也应当是晶体。这样，几乎我们周围的所有固体都是晶体。沙土和花岗石，铜和铁，药房中出售的萨罗（水杨酸苯酯）以及颜料等，这些都是晶体。

也有例外，玻璃和塑料就不是由小晶体组成的。这种固体叫做非晶体。

总之，研究晶体意味着研究我们周围几乎所有的物体。显然，这是很重要的。

由于形状的规则性，人们立刻可以认出单晶体。平的晶面和直的棱线是晶体的特征；外形的规则性无疑与晶体内部结构的规则性有关。如果晶体在某一方向上显得特别长，这就意味着该晶体的结构在这个方向上有点特殊性。

然而，设想有一个用大块晶体制成的球。能否利用我们掌握的晶体知识，把这个球与玻璃球区别开来呢？因为晶体的各个晶面或多或少是不同的，所以，这就提示我们：晶体的物理性质在不同方向上也是不同的。例如，晶体的强度、导电性以及其他许多特性在各个不同方向上是不同的。晶体的这个特性叫做各向异性。各向异性就是说在不同方向上是不同的。

晶体是各向异性的。相反，非晶体、液体和气体是各向同性的，即在不同方向上具有相同的性质。各向异性可以用来鉴别一块透明而无定形的物质是晶体还是非晶体。

我们来参观一个矿物陈列馆，仔细观察一下同一物质晶体的各种不同单晶体标本。完全可能，在陈列架上展出的标本既有规则形状的也有不规则形状的。有些晶体看起来像是折断了似的，另外一些晶体的一个或两个晶面可能显得“不正常”。

我们从一大堆标本中挑选出一些我们认为理想的标本，并把它们画出来，如图 2.6 所示。仍以石英为例，石英跟其他晶体一样，可以培育成具有不同数目的同一“类型”晶面的晶体，也可以培育成具有不同数目的各种晶面“类型”的晶体。虽然它们的外表形状不尽相同，但可以看出，所有这些晶体彼此之间都有相似之处，像是很近的亲戚，像是孪生子。它们究竟在哪些方面相似呢?

我们来看图 2.6，图中示出了许多石英晶体。所有这些晶体都是很近的“亲戚”。只要平行于各个晶面磨去适当的厚度，还可以使它们变得完全一样。很容易看出，用

图 2.6

这种方法，例如，可以使晶体Ⅱ与晶体Ⅰ变得完全一样。这是因为这些石英晶体标本的相似晶面（例如晶面 A 和 B，B 和 C 等）之间的夹角都是相同的。

晶体“家属”之间的共同点正是在于角度相等。当平行于晶面进行打磨时，晶体的形状会改变，但晶面之间的夹角仍保持不变。

在晶体的生长过程中，由于许多偶然因素，一些晶面可能遇到有利于增大自己尺寸的条件，另一些晶面可能遇到不利于增长自己尺寸的条件。在不同条件下生长起来的各个晶体可能失去它们在外形上的某些相似之处，但对于同一物质的所有晶体来说，相应晶面之间的夹角总是相同的。晶体的外形可以由于随机因素而变化，但是晶面之间的夹角反映了它的内部本质。

但是，具有平面状晶面并不是晶体区别于非晶体的唯一特性。晶体还有对称性。我们最好还是借助于实例来了解对称性的意义。

图 2.7 中示出了一个雕像，在它前面放置一个大的平面镜。在平面镜中出现了这个雕像的准确映像。雕塑家也可以制作两个雕像并且把它们这样放置，使它们好像一个是镜外的物体，另一个是镜内的映像一样。这样的“一对”雕像是对称的——它们具有镜面对称性。

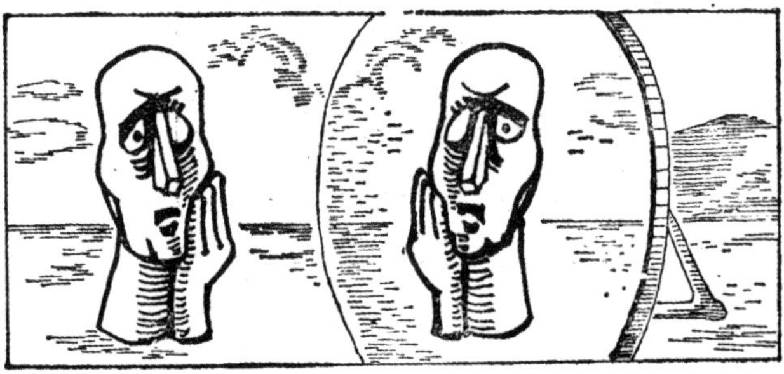

图 2.7

的确，我们可以设想，像图 2.7 所示的那样放置着一块平面镜。这样，雕像的右边就与镜中映像的左边完全一致。这种对称的图形中间好像有一块平面镜。虽然对称平面只是想象中的平面，但在观察物体时，我们可以清楚地感觉到它。

动物体有对称面，人体外形的对称面是通过人体的一个竖直平面。在动物界，对称只能是近似的，理想的对称在生活中是根本不存在的。建筑师可以在图上画一幢房子，这个房屋是由两个理想对称部分组成的。但是，在建造房屋时无论怎样谨慎小心，总是可以找出两个相应部分的差异。例如，在一些地方有裂纹，而在另外一些地方没有。

在晶体世界中可以有最精确的对称性。但是，这也不是理想的对称：肉眼看不见的裂纹或刻痕总是会有的，它们使相应的晶面彼此具有极微小的差别。

图 2.8 所示的是一个用纸做的儿童玩具风车。它也是对称的，然而，找不出它的对称面在哪儿。这种形状的对称性在哪呢？首先让我们看一下它的对称部分。有多少个对称部分呢？显然有四个。这些相同部分的相互位置遵守什么规律呢？这也是不难看出的。让我们把这个玩具风车逆时针转一个直角，即转动四分之一圆周。这样，翼 1 就到达原来翼 2 的位置，翼 2 到达原来翼 3 的位置，翼 3

到达原来翼 4 的位置，翼 4 到达原来翼 1 的位置。在新的位置上玩具风车与以前没有区别。关于这个形状我们可以说，它具有对称轴。更精确地说，它具有四重对称轴，因为每转过四分之一圆周它就与原来的图形相互吻合。

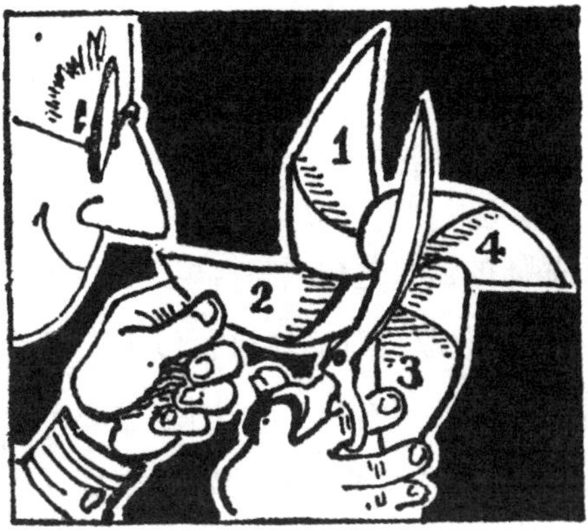

图 2.8

所以，对称轴是这样的一条直线，物体绕着它转过一定的角度以后，看起来仍像没有转动一样，与原来没有任何区别。轴的重数 n（在我们的情况下为四重）表示：这种相互吻合是在每转过 n 分之一圆周时发生的。因此，通过 n 次这样的依次旋转，我们将重新回复到初始位置。

在晶体领域内，我们能不能看到任意类型的对称？实验表明：不可能。

在晶体中，我们只能看到二重、三重、四重和六重对称轴。这并不是偶然的。晶体学家们已经证明，这是与晶体的内部结构有关的。因此，不同对称类型的数目，或者像通常所说的，晶体对称的种类，是不多的——总共 32 种。

2.8 晶体的结构

为什么晶体的形状这样漂亮、规则呢？它那发光而平滑的晶面，看起来像是对晶体进行过人工磨光似的。晶体的某些部分是彼此相同的，形成了漂亮的对称外形。古代的人们早就知道晶体的这种特殊规则性。但是，古代学者关于晶体的概念，跟诗人为赞美晶体非常漂亮而想象出来的神话和传说，没有多少区别。他们相信：水晶玻璃是由冰形成的，而金刚石是由水晶玻璃形成的。他们以为晶体具有很多神秘的性质：治病、防毒，甚至影响人的命运……

直到十七、十八世纪才出现了关于晶体本质的最初科学见解。图 2.9 是十八世纪的书中记载的关于晶体的概念。按照作者的意思，晶体是由彼此排列得很密的小“砖块”所构成的。这种想法是很自然的。如果用力把方解石

（碳酸钙）敲碎，它将被分成为许多大小不同的小块。当仔细观察它们时，我们发现：这些小块都具有规则的形状，跟没有敲碎以前的大晶体形状完全一样。大概学者们曾推断：如果把这些小晶体进一步再敲碎，直到碎成眼睛看不见的极小的微粒（仍然是这种物质的小晶体），在此过程中这些小晶体将始终保持大晶块原有的外形。由这些微小晶粒拼成的大晶块的晶面也极其光滑。晶粒被粉碎到不能再分割的最小微粒时将变成什么呢？——当时的科学家没法回答这样的问题。

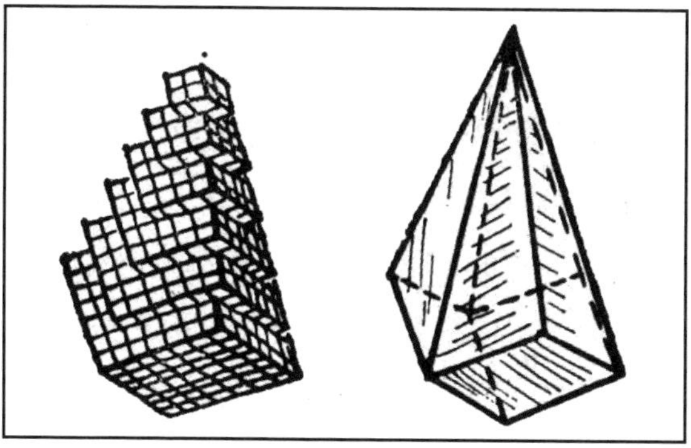

图 2.9

关于晶体结构的“砖块”理论是很有益的。它可以解释为什么晶体的棱边笔直，而且晶面光滑。在晶体生长的过程中，一个砖块贴着另一个砖块重叠上去，就像瓦工用许多砖块砌成光滑笔直的高墙一样。

这样，科学家们早已回答了为什么晶体具有规则而漂亮的外形的问题。这种答案的根据是晶体具有的内部规则性。

设想用一大堆乱树枝，随便编一道篱笆。由于树枝的长短、粗细不一，树枝编排的位置也很随便，这样编成的篱笆肯定很难看。好看的篱笆要用同样的细树枝，以规则的顺序，彼此之间等距离地编制而成。花纸上的图样就很好看。图上的单元图案（例如，玩球的小女孩）不是像公园的篱笆那样只往一个方向排列，而是整齐匀称地排满整个图面。

讲公园里的篱笆和花纸跟晶体有什么关系呢？有很直接的关系！公园里的篱笆是由沿着一个方向排列的大致相同的小段连接而成的，花纸上的图案是由在平面上重复出现的（即沿两个方向排列的）单元图案所组成的，而晶体是由在空间重复出现的（即沿三维方向排列的）许多原子所构成的。因此可以说，晶体的原子组成了空间点阵（晶体点阵）。

我们需要讨论空间点阵的许多细节，但是，为了不画复杂的立体图，我们以一块花纸为例，来说明所要讨论的问题。

图 2.10 示出的是一小块花纸，由这样的小块可以拼成整张花纸。为了选出这样的小块，我们从图上的任意一点，例如从球心开始（花纸上的单元图案是玩球的小女孩），画出它与相邻两个球连接的两条直线。从图上可以看到，这些线构成了平行四边形。把这一小块平行四边形沿着初始两条线的方向移动，可以拼出整张花纸的图案。可以用不同的方式选取这种平行四边形的小块：从图上可以看出，可以取一些不同的平行四边形，每一个平行四边形都包含一个小图案。应当指出，这个平行四边形的四

图 2.10

周既可以把花纸上的单元图案（图中的小女孩和球）圈出来，也可以把单元图案割裂开来；对于我们来说，在选择平行四边形时，可以无所顾忌。

如果认为只要在花纸上画出图案的基本单元（整个图案由这种基本单元拼成）画家就完成了自己的任务，这种看法是不正确的。只有在单元图案就是图案的基本单元的情况下（这时只要把这种基本单元简单地依次排列，就可以获得整张花纸的图案），才能认为这位画家已经完成了自己的任务。

然而，除了这种最简单的情况以外，还可以有比较复杂的情况。例如，图 2.11 示出了 17 种单元图案，这些图案都是由同一种基本单元组成的。

例如，我们可以看出，图 2.11 中的前三种图案没有镜像对称。在这些图案中不可能放入一个镜面，使图案的一部分成为另一部分的“映像”。反之，第 4 和第 5 种图案具有对称平面；第 8 和第 9 种图案都具有两个相互垂直的对称平面；第 10 种图案具有垂直于画面的四重对称轴；第 11 种图案具有三重对称轴；而第 13 种和第 15 种图案具有六重对称轴，等等。

上述图案上的对称平面和对称轴不是一个一个的，而是平行的“一簇一簇”的。如果我们找到了一个能够画出

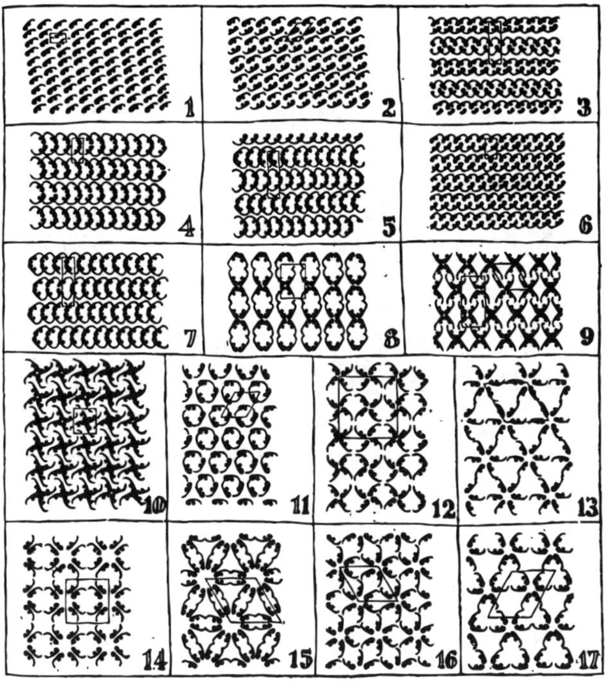

图 2.11

对称轴（或对称平面）的点，那么，很快就能找到第二个点；并且，在离该对称轴（或对称平面）相等的距离上可以很快依次找到第三个点、第四个点，等等。

当然，用一种基本单元能够拼成不止 17 种单元图案。画家还应当说明一种情况：图案的基本单元相对于单元图案的边界线应当如何放置。图 2.12 给出了两种花纸图案，图中的基本单元相对于对称平面（镜面）的位置是不一样的。这两种图案都属于上述图 2.11 中的第 8 种情况。

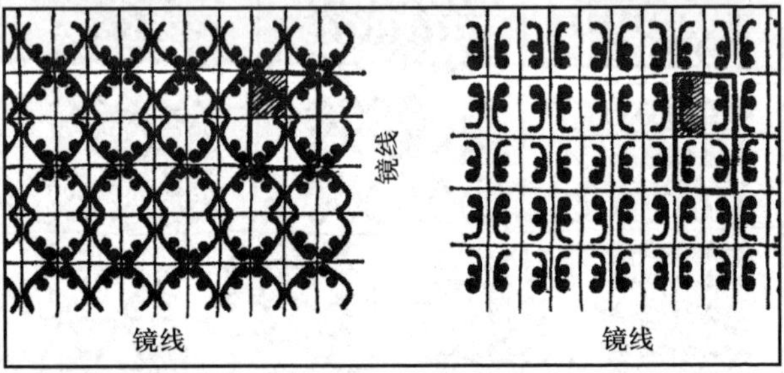

图 2.12

包括晶体在内的任意一个物体，都是由原子组成的。简单的物质是由同一种原子组成的，复杂的物质是由两种或更多种原子组成的。假设我们用高放大倍数的显微镜观察食盐晶体的晶面，并能够看见原子的中心。图 2.13 表明，原子沿着晶体晶面的排列就像花纸上的图案一样。现在读者已经可以很容易地理解晶体是怎样构成的了。晶体就像是"空间的花纸"。空间的就是立体的，而不是平面的——原子的单元图案在空间排列成晶体。

由基本的小块构成"空间的花纸"，有多少种方法呢？费多罗夫在十九世纪末解答了这个复杂的数学问题。他证

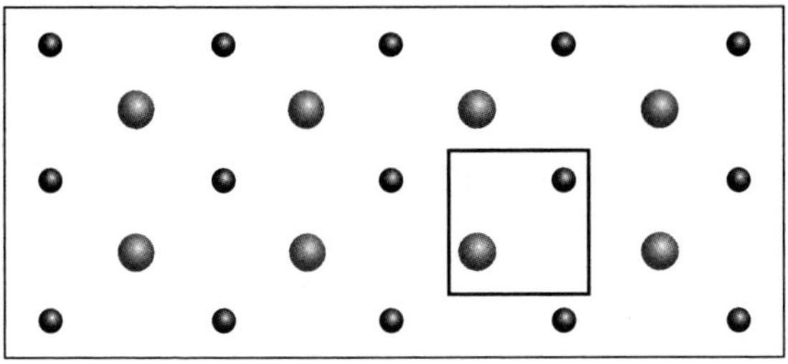

图 2.13

明应当有 230 种构成晶体的方法。

关于晶体内部结构的所有近代资料，都是根据用 X 射线进行的结构分析（这方面的内容我们将在第四册中讨论）而得到的。

有一些晶体很简单，它们是由同一种原子组成的，例如，金刚石——这是由单一的碳原子组成的。食盐晶体是由两种原子，即钠原子和氯原子组成的。较复杂的晶体可能是由分子组成的，而这种分子又是由许多种原子组成的。

在晶体中总是可以分出最小的、重复出现的原子群（在最简单的情况下是一个原子），这些原子群就是晶体的基本单元。

各种原子群的大小是很不相同的。对于由一种原子组成的最简单晶体，相邻结点（原子群的顶点）之间的距离最小。对于蛋白质这种复杂的晶体，相邻结点之间的距离最大。这个距离的大小是 2 Å 到几百埃。

晶体点阵是各种各样的。然而，所有晶体的共性是晶体的点阵结构。首先不难理解，理想光滑的晶面是通过原子所在结点的平面。但是，无论沿什么方向都可以画出结点平面。究竟是哪些结点平面限制晶体的生长呢?

我们首先注意下述一个情况：不同的截面和线上包含的结点数目是不相同的。实验表明：晶体受到这样晶面的限制，这些晶面上的结点最密；并且，由这些晶面相交形成的棱上的结点也最密。

图 2.14 示出了从垂直于某个晶面的方向所看到的晶体点阵，并画出了与画面垂直的一些结点平面。由此图可以看出，晶体可以沿平行于结点平面 Ⅰ 和 Ⅲ 的晶面生长，但不能沿平行于结点很稀疏的平面 Ⅱ 的晶面生长。

目前，已经知道了很多种晶体的结构。让我们来讨论最简单晶体的结构，首先讨论由一种原子组成的晶体。

有三种点阵是最普遍的，如图 2.15 所示。原子的中心用点来表示；两点间的连线没有实际意义。这只是为了使读者比较清楚地看出原子空间位置的特征。

图 2.15(a) 和 2.15(b) 所示的是立方点阵。为了更清楚地想象这些点阵，可以设想：它们是由许多小立方块用最

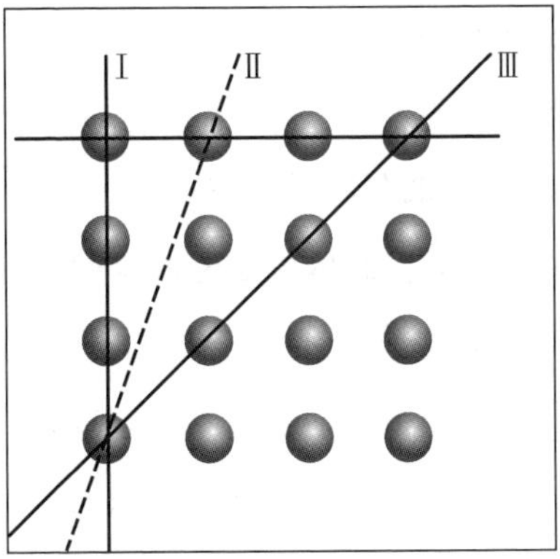

图 2.14

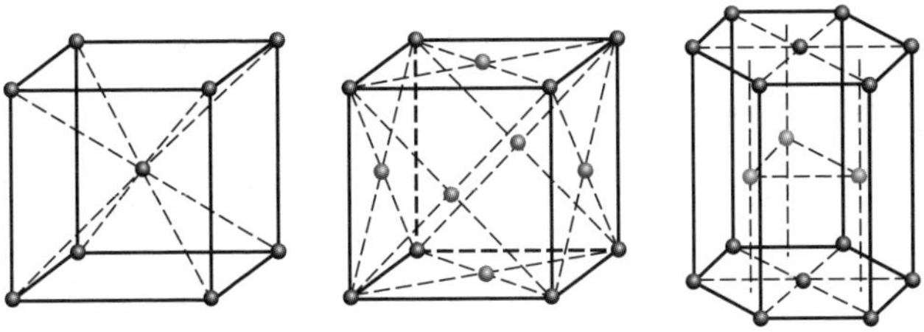

图 2.15

简单的方法——棱对棱，晶面对晶面——拼起来的。如果现在想象把结点安排在小立方块的顶点和体积中心，就可以得到如图 2.15(a) 所示的立方点阵。这种结构叫做立方晶系的体心立方点阵。如果把结点安排在立方块的顶点和晶面的中心，则得到如图 2.15(b) 所示的立方点阵。它叫做立方晶系的面心立方点阵。

第三种点阵［图 2.15(c)］叫做密排六方点阵。为了理解这个名称的由来和想象原子在这种点阵中的排列，让我们取一些台球，并把它们尽可能密地排列。首先摆好一层——看上去是用台球垒成的“三角形”（图 2.16）。我们注意：三角形内部的小球具有六个跟它接触的邻居，这六个邻居形成了六角形。我们继续一层层地排列。如果把第二层的小球直接放在第一层小球的上面，则这种排列是不严密的。为了能在一定的体积中尽量放置最多的小球，我们应当把第二层的小球放在第一层的凹处，第三层的小球放在第二层的凹处，等等。并且，在最密实的六方排列中，第三层小球的中心应当正好在第一层小球中心的上方。

图 2.16

在密排六方点阵中，原子中心的排列，就跟上面所说的小球中心的排列完全一样。

许多元素都可以生长成以上三种点阵。

密排六方点阵，例如，Be，CO，Hf，Ti，Zn，Zr。

面心立方点阵，例如，Al，Cu，Co，Fe，Au，Ge，Ni，Ti。

体心立方点阵，例如，Cr，Fe，Li，Mo，Ta，Ti，U，V。

现在我们谈一点其他结构。图 2.17 所示的是金刚石的结构。这种结构的特征是：金刚石的碳原子具有四个最近的邻居。我们把这个数目与刚刚说过的三种比较普遍的结构的相应数目进行比较。正如从图 2.15 所看到的，在

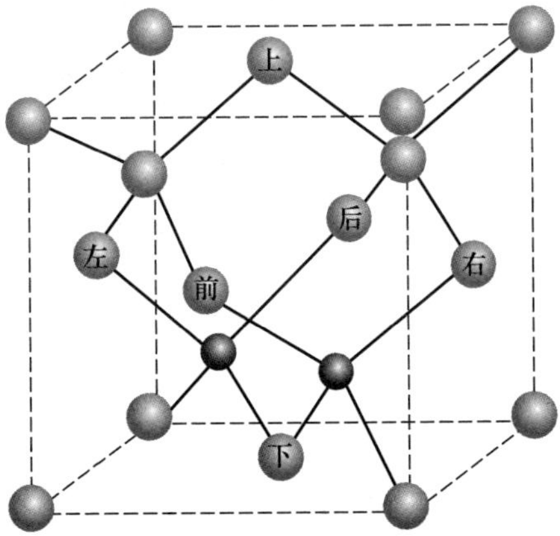

图 2.17

密排六方点阵中每个原子有十二个最近的邻居，面心立方点阵中的原子也有这么多最近的邻居；体心立方点阵中每个原子有八个最近的邻居。

再简单地说一下图 2.18 所示的石墨结构。这种结构的特点是引人注目的。石墨是由原子层组成的，并且每一层中原子之间的联系比相邻层的原子间的联系要紧密得多。这一情况与原子间距离的大小有关：层与层之间的最短距离是同一层内相邻原子间距离的 2.5 倍以上。

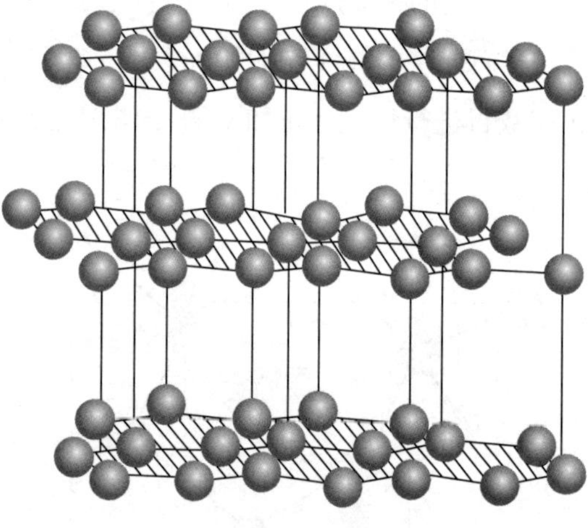

图 2.18

原子层之间的联系很弱，使得石墨晶体很容易沿着这些层裂开。因此，在不能使用润滑油（例如温度很低或很高）的情况下，石墨可用作润滑剂。石墨是一种固体润滑剂。

粗略地说，两个物体之间的摩擦是由于一个物体表面微小的凸处嵌入到另一个物体的凹处。使石墨的微小晶体裂开所需的力远小于摩擦力，因此，石墨润滑剂的存在可大大减轻了一个物体沿着另一个物体滑动的困难。

化合物的晶体结构有无限多种。图 2.19 和图 2.20 所示的是岩盐和二氧化碳的结构，它们可以作为实例来说明这些结构之间的巨大差别。

图 2.19

岩盐晶体（图 2.19）是由沿着立方体轴线交换排列的钠原子（小黑球）和氯原子（大白球）所组成的。在每一

图 2.20

个钠原子的周围等距离的地方有六个氯原子。每个氯原子周围也有六个钠原子。然而，氯化钠分子在哪儿呢？没有氯化钠分子；在晶体中不仅没有由一个钠原子和一个氯原子组成的原子群，而且根本不存在相互靠拢的任何原子群。

化学式 NaCl，并不表明“物质是由 NaCl 分子组成的”。这个化学式只表示物质是由相同数目的钠和氯的原子组成的。

关于存在物质分子的问题，决定于物质的结构。如果在物质结构中不能找出一些原子群，它们之间的距离小于它们与其他原子之间的距离，则这种分子不存在。

二氧化碳 CO_2 晶体（卖冰淇淋的箱子里用的干冰），是分子晶体的例子（图 2.20）。

在 CO_2 分子中氧原子和碳原子的中心是沿着一条直线排列的（参阅图 2.2）。C—O 的距离等于 1.3 Å，而相邻分子的氧原子之间距离约等于 3 Å。显然，在这种条件下，我们立刻就可以“看出”晶体中的分子。

分子晶体内密密实实地装满了分子。为了看出这点，应当描绘一下分子的外形，如图 2.20 所示。

所有的有机物都是分子晶体。有机分子往往包含几十个甚至几百个原子（我们将在另一章里专门讨论由几万个原子组成的分子），用图来描绘它们的结构是不可能的。因此，你们可以在某些书中看到类似图 2.21 的图片。这个有机物的分子是由碳原子组成的。图中的小杆表示共价键。分子好像悬在空气中。但是请不要以为这就是真正的分子结构图。画成这个样子只是为了能够看到分子在晶体中是如何排列的。为了简单起见，绘图者甚至没有画出与外面的碳原子相邻近的氢原子（顺便说一句，化学家们是经常这样画的），更没有画出分子的外形（没有“圈定”分子的边界）。如果这样做了，我们就能看到分子的“包装原则”——凸凹相嵌——在这种情况下也是有效的，就像在其他类似情况下一样。

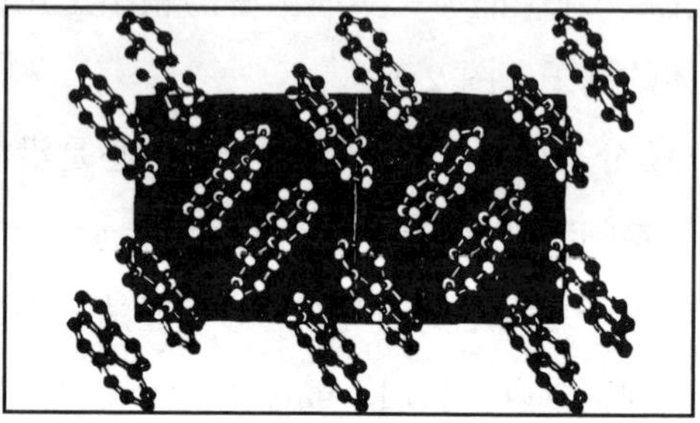

图 2.21

2.9 多晶体物质

我们已经讲过，非晶形的物体在固体中是很少的。我们周围的大多数物体，都是由很小的晶粒所组成的，晶粒的大小约为千分之一毫米。

早在十九世纪，研究者们就已发现了金属的微粒结构。用的工具是普通的显微镜。进行这种观察时不能使用“透射”式显微镜，而只能使用“反射”式显微镜，现在也还是这样工作的。

在显微镜下所看到的情景如图 2.22 所示。通常，晶粒的边界看得非常清楚。一般地说，杂质都聚集在这些边界上。

图 2.22

金属的性质在很大程度上取决于晶粒的大小和晶粒边界上出现的情况，以及晶粒的方向。因此，物理学家们花了很多精力研究多晶体物质。每颗金属微粒都是一颗小晶体，这是由 X 射线结构分析证实了的。

对金属的任何加工都会影响到它的晶粒。一块经过铸造的金属，其晶粒是相当大的，排列也是无秩序的。人们把金属拉长做成金属丝。这时，晶粒将怎样呢？研究表明：当拉伸金属丝或对金属进行其他机械加工时，固体形状的改变会引起晶粒的分裂。同时，在机械力作用下，无序的晶粒会出现某种有规律的排列。是什么样的规律呢？要知道，晶粒的碎块完全是无定形的。

不错，碎块的外形可以是各种各样的。但晶体的碎块仍然是晶体：原子仍然有规律地排列在点阵中，就像在完整无损的晶体中一样。因此，每一个碎块中都可以指出它的原子群的基本单元是如何排列的。在对金属进行加工之前，仅仅是在每一单晶粒的范围内，原子群的基本单元才是有序的，但在整体说来是无序的。加工之后，晶粒是这样排列的：原子群基本单元的排列中显示出某种共同次序，叫做金属的结构，例如，全部晶粒的基本单元对角线大体上都与加工时作用力的方向平行。

图 2.23 以在晶粒群中标出的、某些确定的平面为例，示出了金属结构。在这些平面中，原子的密度最大（原子用一系列的点表示）。

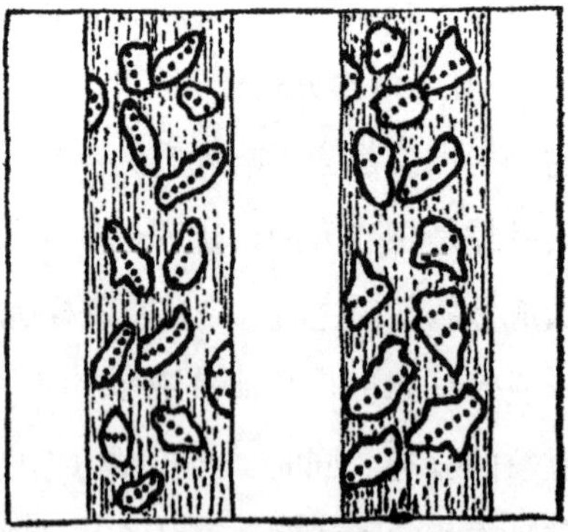

图 2.23

不同形式的加工（轧制、锻造或拉伸）可以导致不同类型的结构。在一些情况下晶粒被扭转，使晶粒中基本单元的对角线沿着加工时作用力的方向；在另一些情况下，按立方体的棱边排列等。轧制或拉伸得越好，金属晶粒的结构也越好。在金属中存在的结构对金属制品的机械性能影响很大。对金属制品中晶粒的排列和大小的研究结果阐明了对金属进行机械加工的机理实质，从而指明了应当如何正确地进行加工。

另一种最重要的工艺过程——退火，也是与晶粒的重新排列有关的。如果给轧制过或拉伸过的金属加热，当温度很高时，新的晶体将开始生长。退火使金属的结构被逐渐破坏，新的晶体是无序排列的。随着温度的升高（或当退火时间增长时），新的晶粒生长，旧的晶粒消失。晶粒可以长到用眼睛能看得到的大小。退火急剧地改变金属的性质。使金属的可塑性变得较大，而硬度降低。这是因为晶粒逐渐变大了，而结构消失了。

第三章 温度

3.1 温度计

如果加热程度不同的两个物体相互接触，较热的物体将变冷，而较冷的物体将变热。对于这样的两个物体，就说它们交换了热。

热交换是能量转换的一种形式；我们把放出热量的物体叫做比较热的物体。如果物体比手热，我们会感觉这个物体是热的，即给手传递了热量。相反，我们觉得物体是冷的，这就意味着，它从我们的身体取走热量。

对于放热的物体，我们就说它的温度比吸收这些热量的物体的温度高。

在有某种物体在场的情况下，观察有关的物体是在变冷还是变热，就可以知道我们所关心的物体在其中所处的“地位”。温度是物体的一种标志，它表明该物体能够向周围其他物体提供热量，还是从周围物体吸取热量。

温度计是测量温度的工具。常用的温度计是利用对温度敏感的物体热胀冷缩的性质制成的。

当温度计与某种物体接触时，如果温度计的工作物质改变了自己的体积，这就意味着该物体具有不同的温度。若温度计工作物质的体积增大，就表明该物体的温度较高；反之，则表明该物体的温度较低。

各种不同的物体：液体（如水银或酒精）、固体（如金属）和气体，都可以作为温度计的工作物质。然而，各种不同物体的膨胀是不同的。水银温度计、酒精温度计、气体温度计，以及其他各种温度计的刻度也是不相同的。当然，各种温度计都有两个主要温标——冰点和沸点。所以，一切温度计指示的 0 ℃ 和 100 ℃ 都是相同的。但是，在 0 ~ 100 ℃ 之间物体的膨胀是不相同的。某些物体在水银温度计的 0 ~ 50 ℃ 之间膨胀得很快，在 50 ~ 100 ℃ 之间膨胀得较慢；而另外一些物体正恰好相反。

分别用膨胀特性不同的物体制成温度计以后，尽管它们在基本点上的指示是相同的，我们仍可发现在它们的指示中有明显的差别。不但如此，如果我们用水作为温度计的工作物质，并把它放入某物质中（使温度计与该物质保持同样的温度），我们将能看到：如果把冷却到 0 ℃ 的该物质放在小电炉上逐渐升温，则它的“水温度计的指示先是下降，然后又上升。这是因为当加热时，水先是缩小自己的体积，随后才能“正常”地热胀冷缩。

我们看到：若在选择温度计的工作物质时粗心大意，我们可能会得到莫名其妙的结果。

那么，在选择“正确的”温度计的工作物质时应遵循什么原则呢？什么物质是理想的工作物质呢？

我们曾经说过这种理想物体，这就是理想气体。理想气体的粒子之间没有相互作用力。所以，在研究理想气体的膨胀时，我们也就是研究气体分子的运动如何改变。正由于这个原因，理想气体是温度计的理想工作物质。

实际上人们立刻会注意到，虽然水的膨胀与酒精不同，酒精与玻璃不同，玻璃与铁不同；但是，氢气、氧气、氮气或任何其他气体，只要它们是处于能够称为理想气体的稀薄状态下，当加热时它们的膨胀是完全相同的。

由此可见，一定量理想气体的体积变化可以被用来作为物理学中测定温度的依据。不言而喻，由于气体很容易压缩，所以这时应当特别注意使气体处于恒定的压强下。

为了给气体温度计刻度，我们应当精确测量作为工作物质的气体在 0 ℃ 和 100 ℃ 时的体积 V_0 和 V_{100}，然后再把体积 V_{100} 和 V_0 的差值分为 100 等份。换句话说，气体体积改变

$$\frac{1}{100}(V_{100} - V_0)$$

相当于 1 摄氏度（1 ℃）。

现在假设：我们的温度计指出的体积为 V。这个体积相当于多少温度 t ℃？不难理解：

$$t = \frac{V - V_0}{V_{100} - V_0} \cdot 100,$$

即

$$\frac{t}{100} = \frac{V - V_0}{V_{100} - V_0}。$$

我们利用这个等式，把每个体积 V 都换算为温度 t，从而得到日常生活中使用的温标[①]。

当升高温度时，气体的体积不受限制地增大，因为没

---

① 摄氏温标使用时很方便，它是以冰的融化温度作为零度（0 ℃），水的沸腾温度作为 100 度（100 ℃）（都是在标准大气压 760 mm 水银柱高的情况下）。虽然如此，英国和美国直到现在还常使用华氏温标（°F）。

在英国，气温很少降到 −20 ℃ 以下。华氏选择了具有这样温度的冰、盐混合物温度作为这个温标的零度。按照华氏的意思，取人体正常的体温为 100 度（100 °F）。然而，华氏温标的 100 度实际上却相当于低烧病人的体温（人体平均正常体温是 98 °F）。在这个温标中，水在 32 °F 时结冰，而在 212 °F 时沸腾。华氏温标与摄氏温标的换算公式是

$$\frac{t_F}{°F} = \frac{9}{5}\frac{t}{℃} + 32$$

有任何理论上的温度上限。相反，低温（摄氏温标中的负值）却是有限度的。

实际上，当温度降低时会发生什么事呢？实际气体最终都将转变为液体，当温度继续降低时，这些液态气体将凝结为固体。气体分子将聚集在一个小体积内。然而，对于充满理想气体的温度计来说，这个体积等于多少呢？理想气体分子之间没有彼此间的相互作用，也没有固有体积。这就是说，降低温度可以使理想气体的体积趋于零。实际上当气体无限接近理想气体的行为时，其体积趋近为零值，是完全可能的。为此，气体温度计内的气体应当越来越稀薄。因此，认为气体的最小极限体积等于零并不违反真理。

根据我们的公式，相应于体积等于零的温度是最低的温度。这个温度叫做温度的绝对零度。

为了确定绝对零度在摄氏温标上的位置，应当把体积等于零（$V=0$）代到上述的温度公式中。由此可见，绝对零度的温度等于 $-\dfrac{100V_0}{V_{100}-V_0}$。

结果表明，这个特殊的点所对应的温度大约为 -273 ℃（精确值为 -273.15 ℃）。

总之，没有低于绝对零度的温度，因为它相应于气体的负体积。谈论更低的温度是没有意义的。企图获得低于绝对零度的温度，就像企图制造直径小于零的导线一样，是不可能的。

在绝对零度时，物体不可能再继续冷却，即物体不可能再给出能量。换句话说，在绝对零度时，物体和构成该物体的粒子具有最低限度能量。这就是说，在绝对零度时，动能等于零，而势能具有最小的数值。

由于绝对零度是最低的温度，所以很自然，在物理学中，特别是在低温物理方面，常使用由绝对零度为起点的绝对温标。显然，$T_{绝对} = (t + 273)$ 度。在绝对温标中，室温约为 300 度。人们也把绝对温标叫做开尔文温标，把 $T_{绝对}$ 写成 TK，这是为了纪念十九世纪的英国著名科学家开尔文。

在绝对温标中，上述气体温度计的公式可以改写成如下形式：

$$T = 100 \cdot \frac{V - V_0}{V_{100} - V_0} + 273。$$

利用等式 $\dfrac{100V_0}{V_{100} - V_0} = 273$，可得到简单的结果：

$$\frac{T}{273} = \frac{V}{V_0}。$$

由此可见，绝对温度跟理想气体的体积成正比。

为了精确地测量温度，物理学家必须想出各种巧妙的方法。水银温度计、酒精温度计（在北极地区使用）和其他一些温度计，在相当广泛的范围内都是根据气体温度计来刻度的。然而，在温度很接近绝对零度（0.7 K 以下）时，所有的气体都液化了；而当温度超过 600 ℃ 时，气体可以透过玻璃跑掉；对于这两种情况，气体温度计是不适用的。在高温和极低温的情况下，必须利用另外的原理来测量温度。

测量温度的实际方法是很多的。例如，根据电现象制成的仪器得到了广泛的应用。我们只请读者注意一点——无论采用什么方法测量温度，我们都应当确信：测得的温度与采用测量稀薄气体热膨胀的方法所给出的数值是十分吻合的。

火炉和喷灯中的温度是很高的。做点心的烤箱温度为 220 ~ 280 ℃。冶金工业中使用的温度是：淬火的温度为 900 ~ 1 000 ℃，锻造的温度为 1 400 ~ 1 500 ℃。炼钢炉中的温度达到 2 000 ℃。

利用电弧可得到最高的炉温（约 5 000 ℃）。电弧的火焰可以对付最难熔的金属。

煤气炉火焰的温度是多少？天蓝色内锥体的火焰温度

只有 300 ℃；而外锥体的温度达到 1 800 ℃。

原子弹爆炸时产生无比的高温。根据间接的估计，爆炸中心的温度达到几百万摄氏度。

最近，利用在苏联和其他一些国家制造的专门实验装置，已经成功地在极短瞬间获得了几百万摄氏度的高温。

在自然界中存在着超高温，但不是在地球上，而是在其他的天体上。在恒星的中心，例如在太阳的中心，温度高达几千万摄氏度。恒星表面部分具有较低的温度，不超过 20 000 ℃。太阳表面的温度约为 5 500 ℃。

3.2 理想气体的理论

在定义温度时我们利用了理想气体的性质。理想气体的性质是很简单的。遵照玻意耳–马里奥特定律，当温度一定时，无论体积或压强如何变化，乘积 pV 始终保持恒定不变；当压强一定时，无论体积或温度怎样变化，比值 V/T 始终保持恒定不变。很容易解释这两个定律。很明显，无论是温度一定，V 和 p 改变，还是压强一定，V 和 T 改变，比值 pV/T 总是恒定不变的。p、V 和 T 三个量中，不仅其中任意两个改变时，即令三个量同时改变时，比值 pV/T 始终保持恒定不变。正如通常所说的，$pV/T =$ 恒量，这个表示式就是理想气体的状态方程。

选取理想气体作为温度计的工作物质，是因为理想气体的性质只跟分子的运动有关（而跟分子的相互作用无关）。

分子的运动和温度之间的关系有哪些特征呢？为了回答这个问题，应当求出气体的压强和气体分子运动之间的关系。

假设在半径为 R 的球形容器中有 N 个气体分子（图 3.1）。我们观察任意一个分子，例如在某时刻沿着长为 l 的弦从左向右运动的分子。我们不考虑分子与分子之间的碰撞，因为这些碰撞不影响压强。分子运动到容器壁时，分子与器壁碰撞，并以同样大小的速度被弹向另外的方向运动（弹性碰撞）。在理想情况下，分子在容器中的这种旅行永远持续下去。如果用 v 表示分子的速度，则每次碰撞之间要间隔 $l/v(s)$，即在 1 s 内每个分子碰撞器壁 v/l（次）。N 个分子连续不断的碰撞汇合成对容器壁的一定的压力。

根据牛顿定律，力等于单位时间内动量的变化量。我们用符号 Δ 表示每次碰撞时动量的变化量大小。这个变化量在 1 s 内要发生 v/l（次）。这就是说，一个分子对器壁施加的力是 $(\Delta/l)\cdot v$。

图 3.1

图 3.1 上画出了碰撞前和碰撞后的动量矢量，以及动量变化量 Δ 矢量。根据三角形相似的原理得出：

$$\frac{\Delta}{l}=\frac{mv}{R}。$$

一个分子对器壁的作用力是：

$$\frac{mv^2}{R}。$$

因为公式中没有弦的长度，所以很明显，沿着任何一条弦运动的分子对器壁的作用力是相同的。当然，斜碰时动量的变化量是比较小的；然而，在这种情况下，碰撞次数却因而增多。计算表明，这两种效应恰好相互抵消。

因为球形容器中有 N 个分子，所以它们对器壁作用力的总和等于：

$$\frac{Nmv_{平均}^2}{R},$$

式中 $v_{平均}$——分子的平均速度。

气体的压强 p 等于作用力的总和被球面积 $4\pi R^2$ 除，即等于：

$$p = \frac{Nmv_{平均}^2}{R \cdot 4\pi R^2} = \frac{\frac{1}{3}Nmv_{平均}^2}{\frac{4}{3}\pi R^3}$$

$$= \frac{Nmv_{平均}^2}{3V},$$

式中 V——球的体积。

由此可见：

$$pV = \frac{1}{3}Nmv_{平均}^2。$$

这个方程是伯努利于 1738 年首先导出的①。

根据理想气体的状态方程得知：$pV =$ 恒量 $\cdot T$；从上面导出的方程可以看到，pV 跟 $v_{平均}^2$ 成正比。这就是说：

$$T \sim v_{平均}^2,$$

① 这里是指丹尼尔·伯努利。他是瑞士血统的人，但在俄国生活和工作。他是彼得堡科学院院士。请读者注意，不要与另外两位著名的科学家：约翰·伯努利和雅各布·伯努利相混。

或

$$v_{平均} \sim \sqrt{T},$$

即理想气体分子的平均速度跟绝对温度的平方根成正比。

| 3.3 阿伏伽德罗定律

物质可以包含各种各样的分子。试问，是否可以找出这样一个物理量，它表征运动，并且它对处于相同温度下的一切分子（例如氢分子和氧分子）是相同的？

力学回答了这个问题。可以证明，所有气体分子的平均平动动能 $\frac{1}{2}mv_{平均}^2$ 是相同的。

这表明，在给定温度下，分子的方均速度跟粒子质量成反比：

$$v_{平均}^2 \sim \frac{1}{m}, \quad v_{平均} \sim \frac{1}{\sqrt{m}}。$$

现在我们讨论方程 $pV = \frac{1}{3}Nmv_{平均}^2$。因为在给定温度下，对于所有气体来说量值 $mv_{平均}^2$ 是相同的，所以，当压强 p 和温度 T 一定时，体积 V 中所含有的分子数 N，对于所有气体来说也是相同的。这个著名的定律是阿伏伽德罗首先阐明的。

1 cm^3 气体中有多少个分子？在温度为 0 ℃ 和气压为 760 mm 水银柱高的情况下，1 cm^3 气体中有 2.7×10^{19} 个分子。这是一个很大的数目。为了使读者能体会到它是多大，我们举个例子。假设气体从体积为 1 cm^3 的容器中逸出，其速度是每秒钟一百万个分子。不难计算，容器中的气体分子全部逸出需要一百万年！

阿伏伽德罗定律表明：在一定的压强和温度下，分子数跟它所占有体积的比值 N/V，对所有气体来说，是相同的。

因为气体的密度 $\rho = \dfrac{Nm}{V}$，所以，两种气体密度的比值等于它们分子质量的比值：

$$\frac{\rho_1}{\rho_2} = \frac{m_1}{m_2}。$$

用简单称量气态物质的方法，可以确定分子的相对质量。在当时，这种测量对化学的发展起了很大作用。根据阿伏伽德罗定律还可以得出，处于理想气体状态下的 1 mol 任意物质满足下列等式：

$$pV = kN_{\mathrm{A}}T,$$

式中 k——一个普通常量（它以著名的奥地利物理学家玻尔兹曼的名字命名，叫做玻尔兹曼常量），等于 1.38×10^{-16} erg/K。乘积 $R = kN_{\mathrm{A}}$ 叫做普适气体常量。

理想气体定律通常写成如下形式：

$$pV = \mu RT,$$

式中 μ——用摩尔表示的物质的量。这个方程在实际中有广泛的应用。

3.4 分子的速度

理论表明，在同一温度下，气体分子的平均动能 $\frac{1}{2}mv^2_{\text{平均}}$ 是相同的。按照我们关于温度的定义，气体分子平均平动动能跟绝对温度成正比。把理想气体方程和伯努利方程联合起来，则得：

$$\left(\frac{mv^2}{2}\right)_{\text{平均}} = \frac{3}{2}kT。$$

用理想气体温度计测量温度具有简单的意义：温度跟分子平均平动动能的数值成正比。由于我们是生活在三维空间中，所以，对于不管怎样运动的质点，可以说它具有三个自由度。这就是说，运动的粒子在每一个自由度上，具有 $\frac{1}{2}kT$ 的能量。

现在我们来确定在室温（为了便于计算，设室温为 27 ℃ = 300 K）下氧分子的平均速度。氧的分子量为 32，而一个氧分子的质量等于 $32/(6 \times 10^{23})$ g。由简单的计算

得出 $v_{平均}=4.8\times10^4$ cm/s，约为 500 m/s。氢分子运动得更快。氢分子的质量是氧分子质量的 1/16，因而速度比氧分子的速度大 $\sqrt{16}=4$ 倍，即在室温情况下，约等于 2 km/s。让我们估算一下，对于用显微镜可以看得见的最小粒子，热运动的速度是多大。一般显微镜可以看见的花粉粒子直径为 1 μm （10^{-4} cm）。若这种粒子的密度接近于 1 g/cm^3，则质量大约等于 5×10^{-13} g。我们求得它的速度大约等于 0.5 cm/s。自然，这种运动是完全可以看到的。

质量为 0.1 g 的豆粒的布朗运动速度只有 10^{-6} cm/s。自然，我们不能看到这些粒子的布朗运动。

我们讨论的是分子的平均速度。但要知道，不是所有的分子都以相同的速度运动。有一部分分子运动得较快，而另一部分分子运动得较慢。所有这些都可以计算。下面我们只给出结果。

例如，在温度约为 15 ℃ 时，氮分子的平均速度等于 500 m/s。运动速度在 $300\sim700$ m/s 范围内的分子占 59%；运动速度很小、在 $0\sim100$ m/s 范围内的分子占 0.6%；气体中运动速度超过 1 000 m/s 的分子只占 5.4%（见图 3.2）。

图 3.2 上每一个矩形的底，是所谈到的速度区间，而

矩形的面积与该速度区间内分子的百分比成正比。

也可以计算出分子按照平动动能的大小分布的情况。

能量为平均动能 2 倍以上的分子数目，要少于 10%。在能量更大的情况下，随着能量的增大，分子数所占的百分比愈益降低。例如，能量是平动动能 4 倍的分子，总共占 0.7%；能量是平均动能 8 倍的分子，只占 $0.06\times10^{-4}\%$；能量是平均动能 16 倍的分子，只占 $2\times10^{-8}\%$。

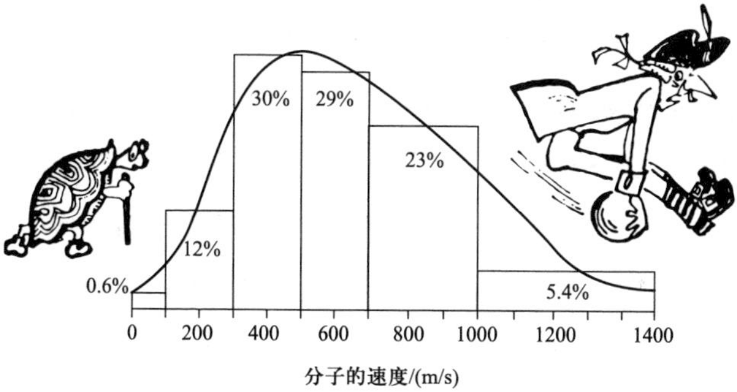

图 3.2

以 11 km/s 的速度运动的氧分子能量等于 23×10^{-12} erg。在室温时，分子的平均能量等于 6×10^{-14} erg。由此可见，以“11 km/s 的速度运动的分子”的能量，约比以平均速度运动的分子能量大 400 倍。自然，运动速度大于 11 km/s 的分子所占的比例小得难以想象，其数量级为 10^{-300}。

为什么我们对 11 km/s 这个速度感兴趣呢？在本书第一册中我们曾谈到过，只有具有这个速度的物体才能飞离地球。这就是说，离地面很高地方的分子可以摆脱地球的引力，并且可以到更遥远的星际空间去旅游。但是，为此必须具有 11 km/s 的速度。我们看到，运动得这么快的分子是非常少的，即使经过数十亿年，也不会有丧失地球周围大气的危险。

大气的逃逸速度与引力能量的关系极其密切。如果分子的平均动能比引力能量小很多，则大气分子实际上不可能脱离地球。在月球表面上的引力能量是地球引力能量的二十分之一，氧分子逃离月球所需能量的数值为 1.5×10^{-12} erg。这个数值只比分子平均动能的数值大 $20 \sim 25$ 倍。分子能够脱离月球的概率等于 10^{-17}。这与 10^{-300} 相比就完全不同了。计算表明，如果月球表面曾有过空气，也会非常快地从月球表面散落到星际空间中去。所以，在月球上没有大气是毫不奇怪的。

3.5 热膨胀

如果给物体加热，则原子（分子）的运动将加剧。它们彼此排斥，并力图占有更大的空间。这样可以解释许多已知的事实：当加热时，固体、液体和气体都要膨胀。

没有必要过多地谈论气体的热膨胀，因为大家知道，我们使用的温标就是根据温度与气体体积的比例关系而确定的。

由公式 $V = \frac{V_0}{273} \cdot T$ 我们可以看到，当压强一定时，温度每升高 1 ℃，气体的体积将增加它在 0 ℃ 时体积的

$$\frac{1}{273}\ (\text{即 } 0.003\,7V_0)$$

（这个原理通常叫做盖吕萨克定律）。

在一般条件下，即在室温和标准大气压下，大多数液体的膨胀是气体的膨胀的 $\frac{1}{2} \sim \frac{1}{3}$。

我们曾不止一次地谈过水膨胀的特殊性。当把水从 0 ℃ 加热到 4 ℃ 时，水的体积随着温度升高而减小。水的这个特性，对地球上的生命起着非常巨大的作用。在秋天，最上面的一层水随着温度的降低而增大密度，并沉到水底。较热的水立刻补充到这些地方。但是，发生这种对流仅是在温度降到 4 ℃ 之前。当进一步降低温度时，上层的水就不再收缩，这就是说，不再变得越来越重，因而并不沉到水底。从这一温度开始，上层的水逐渐冷却，一直到零度，凝结成冰。

正是水的这个特性阻止了河水冻到底部。假如水突然

失去了自己的这一特性，甚至不用思索就很容易地想到灾难的后果。

固体的热膨胀比液体的热膨胀要小得多，它们是气体热膨胀的几百分之一或几千分之一。

在很多情况下，热膨胀是令人不愉快的麻烦。例如，假如钟表的精密零件不用合金钢——殷钢（殷钢也叫不变钢，它的体积随温度的变化极小），则钟表机械运动部分的尺寸将随着温度的变化而改变，这将导致钟表运转不正常。殷钢是一种含有大量镍的钢，它在仪器制造业中获得了广泛的应用。用殷钢制造的轴杆，当温度改变 1 ℃ 时，只增长原长的百万分之一。

原以为是微不足道的固体的热膨胀可能会导致严重的后果。问题在于：由于固体的可压缩性很小，所以很难限制固体的热膨胀。

使钢杆升温 1 ℃，它的长度总共只增加十万分之一，这是眼睛觉察不到的变化。但是，为了阻止钢杆的这种膨胀，使钢杆缩短十万分之一，就需要施加 20 kg/cm^2 的力。并且，这只是为了消除温度升高 1 ℃ 所产生的影响！

如果不重视由于热膨胀而产生的极大膨胀力，它将导致破坏和灾难。例如，为了避免这种力的作用，铺设铁路时各段钢轨之间要留有间隙，使用玻璃容器时必须特别注意这种力，因为当加热不均匀时，玻璃容器很容易炸裂。因此，在实验室中使用的是没有这种缺点的石英玻璃制成的器皿（石英玻璃——非晶态的氧化硅）。在加热程度相同的情况下，若铜块增加了 1 mm，则同样大小的石英玻璃块增加的长度只是肉眼不能察觉的 30 ~ 40 μm。石英的膨胀是极其微小的，可以把石英容器加热到几百摄氏度，立刻把它扔到水中，石英容器不会损坏。

3.6 热容

不言而喻，物体的内能依赖于温度。对物体加热越多，需要的能量也越多。对物体从 T_1 加热到 T_2，需要的能量以热量表示：

$$Q = C(T_2 - T_1)。$$

这里 C——比例系数，叫做物体的热容。由上式可以得出热容的定义：C 是物体温度升高 1 ℃ 所需要的热量。热容本身也与温度有关：物体从 0 ℃ 加热到 1 ℃ 或从 100 ℃ 加热到 101 ℃，需要的热量稍有不同。

单位质量的热容通常叫做比热容。用小写字母 c 表示。

加热质量为 m 的物体所需的热量，由下式表示：

$$Q = mc(T_2 - T_1)。$$

今后我们将经常使用比热容这个术语。比热容的数值范围很广。不言而喻，根据定义，水的比热容用 cal/(g·℃) 表示时数值应等于 1。

大多数物体的比热容都小于水的比热容。例如，大多数的油、酒精和其他液体的比热容都接近于 0.5 cal/(g·℃)。石英、玻璃、沙子的比热容为 0.2 cal/(g·℃)。铁和铜的比热容约等于 0.1 cal/ (g·℃)。一些气体的比热容是：氢——3.4 cal/(g·℃)，空气——0.24 cal/(g·℃)。

一般地说，所有物体的比热容都随着温度降低而减小；当温度接近绝对零度时，大多数物体的比热容都是非常小的。例如，在温度为 20 K 时，铜的比热容等于 0.003 5 cal/(g·℃)；这是室温时数值的二十四分之一。

比热容的数值对解决热量在诸物体之间分配的各种问题来说，是有用的。

水和土地的比热容不同，这是海洋性气候和大陆性气候不同的原因之一。水的比热容约是土壤比热容的 5 倍，因而水较缓慢地变热，也较缓慢地变冷。

夏季，沿海地区的水升温的速度比干燥地区要慢，所以，它对空气有降温的作用；而在冬季，热的海水缓慢地冷却，它对空气有保温的作用，因而使严寒缓和。不难计算，1 m^3 的海水降温 1 ℃，可使 3 000 m^3 的空气升温

1 ℃。因此，沿海地区温度的起伏变化以及冬季和夏季的温差，比内陆地区的要小得多。

3.7 热传导

每个物体都可以作为传热的“桥梁”。热量从较热的物体沿着这个桥梁传给较冷的物体。

例如，放在一杯热茶中的茶匙就是这种桥梁。金属物体的导热性很好。杯中茶匙的一端一秒钟以后就变热了。

如果需要搅拌某种热的混合物，则搅拌器的把手应当是用木头或塑料做的。这些固体的导热本领是金属的千分之一。我们说“导热”，同样也可以说“导冷”。当然，物体的性质并不会因此而改变。在严寒的天气里，我们都避免在大街上赤手摸金属，但赤手抓木制品却不要紧。

木头、砖、玻璃、塑料，是导热不好的物质——它们也叫做绝热体。这些材料被用作房屋的墙壁以及炉子和冰箱的内壁。

所有的金属都是热的良导体。最好的导体是铜和银——它们的导热能力比铁好一倍。

当然，不仅固体可以作为导热的“桥梁”。液体同样可以导热，但比金属差得多。金属的导热性比固态和液态非金属物体的导热性要大几百倍。

为了证明水的导热性不好，可以作这样一个实验。把盛水的试管倾斜地夹住。使一小块冰沉入水底（不让冰浮起来）用煤气火头给试管的上端加热——水开始沸腾，而冰却不融化。假如试管里没有水，并且是由金属做的，则冰块立刻就开始融化。水的导热本领大约是铜的二百分之一。

气体的导热本领是凝结的非金属物体导热本领的几十分之一。空气的导热本领是铜的导热本领的二万分之一。

由于气体的导热能力差，因此人可以用手去拿温度为 −78 ℃ 的干冰块，甚至可以把温度为 −196 ℃ 的一滴液态氮放在手掌上。只要不用手压紧这些冷的物体，就不会把手“烫伤”。原来，当剧烈地沸腾时，液滴或固体块被一层“气套”包住，所产生的这一层气体是绝热体。

当水滴落到很烫的热锅上时，会产生所谓液体的球腾态——蒸气包住液滴的状态。尽管开水和人体的温度差远小于手和液态空气的温度差，一滴液态空气不会把手烫伤，可是开水滴却会把手烫伤。因为液态空气会形成球腾态，但是手比开水滴冷，开水滴放热，停止沸腾，从而不产生气套。

不难想象，真空是最好的绝热物质。在真空中没有传热的介质，所以导热性最小。

这就是说，如果我们想制造一个保温器，贮藏热的或冷的物体，则最好做一个双层的外壳，并抽出两层之间的空气。这时，我们将遇到下列有趣的情况。如果留心观察气体的导热性随着气体的稀薄程度而变化的情况，则我们将发现：直到压强降到几个毫米水银柱高以前，导热性实际上是不变的；只有在真空度更高的情况下，我们所期待的事情——导热性急剧下降——才会出现。

这是怎么一回事呢?

为了理解这个现象，必须解释清楚气体中的热迁移现象。

热从温度高的地方向温度低的地方传递的过程，是通过相邻分子间传递能量的方式进行的。显然，当快速分子与慢速分子相碰时，通常都使慢速分子加速，而使快速分子减速。其结果是，热的地方变冷，而冷的地方热起来。

压强的减小对热传递有什么影响呢？一方面，因为压强的减小使气体的密度降低，使传递能量的快速分子与慢速分子的碰撞次数减少，这就会使导热性减小。另一方面，压强的减小使分子的自由程增大，因而使热传递的距离增大，这就有利于导热性增大。计算证明，这两个效应相互平衡，在排气过程中，有一段时间热传递的本领不改变。

在真空度还没有达到使自由程等于容器壁之间的距离时，情况就是这样。当自由程达到器壁之间的距离以后，进一步降低压强已不可能使徘徊于器壁之间的分子的自由程继续增大，密度降低的效应得不到平衡，因而导热性跟着压强成正比地迅速降低。当达到高真空时，导热性也变得极小极小。暖水瓶结构就是利用真空导热性小的性能制成的。暖水瓶是很普遍的日用品，它不仅用于保存热的和冷的食品，而且广泛地应用于科学和技术中。在科学技术工作中使用的保温瓶常被称作杜瓦瓶，这是为了纪念这种容器的发明者。这种容器用来盛放液态空气、液态氮、液态氧。以后我们将介绍液态空气、液态氮和液态氧是如何制取的①。

3.8 对流

既然水是热的不良导体，那么壶里的水是怎样被加热的呢？空气的导热性更坏，那为什么在冬季房间内各处的

① 看见过保温瓶瓶胆的人都知道，它们都是镀上银层的。为什么？这是因为我们讲过的热传导并不是热传递的唯一方法。还存在我们将在另一册书中要讲的其他的传递方法——所谓的热辐射。在一般条件下，热辐射比热容传导要弱得多，但毕竟还是完全可以察觉的。为了减弱辐射，就在保温瓶的瓶壁上镀银。

温度会相同呢?

壶里的水能很快地烧开，这是由于地球的引力。最底下的一层水因受热而膨胀，变轻，因而上升；冷的水下降并填补这些位置。只是由于对流（对流这个词源自拉丁文，它的含意是搅和、掺混），水才能很快地被加热。宇宙飞船在远离星球处作匀速运动时不受引力作用，要烧开水就不那么容易。

我们在前面解释为什么河水并不结冻到底时，曾讲过水对流的一种情况（当时没有使用对流这个术语）。

为什么暖气片要放在窗台底下，而通风的小窗要安在上方？如果把通风小窗安在下边不是更方便吗？如果把暖气片安装在天花板底下不是可以少占房间的面积，免得碍事吗?

假如我们听取了这个建议，则很快就会发现：暖气片不能使房间温暖，打开小窗也不能使室内的空气变得新鲜。

在屋里的空气中发生的事情跟在壶里的水中发生的情况一样。当暖气片放热时，屋里下层的空气开始变热。它膨胀，变轻，因而上升到天花板底下。比较重的冷空气下降到暖气片附近。这些冷空气又被加热，上升到天花板附近。由此可见，在房间里连续不断地进行着空气的流动

——热空气从下向上，冷空气从上向下。冬季打开通风小窗后，我们就把一束冷空气放进了屋里。它比屋里的空气重，所以向下运动；同时，排挤上升到天花板附近的热空气，使它从小窗流出去。

为了使煤油灯燃烧得好，发光正常，必须有一个高高的灯罩。不应当认为玻璃罩只是为了保护灯火不被风吹灭。即使在最平静无风的天气里，只要把玻罩套到灯上，灯光的亮度立刻增大。玻璃罩的作用在于：它增大了流向火焰的空气流量——产生一种牵引力。产生这种现象的原因是：灯罩内部的空气氧气减少（因燃烧而消耗），但它因温度高而上升，使新鲜的冷空气通过灯罩底下的小孔补充进来。

灯罩越高，灯点燃得越好。实际上，冷空气挤进灯口的速率，决定于管内热空气柱和管外冷空气的质量差。空气柱越高，这个质量差就越大，因而新鲜空气进入的速率也就越大。

因此，工厂的烟筒都很高。对于工厂的炉子来说，需要特别强大的空气流，需要很好地通风。很高的烟筒有助于达到这一目的。

在失重的火箭中没有对流，不能使用火柴、煤油灯和气炉，因为燃烧产生的二氧化碳气体散不开，它会使火熄灭。

空气不是良好的导热体。利用空气可以保温，但要有一个条件：必须避免产生对流——热空气和冷空气的位移，对流使空气失去绝热性质。

利用各种多孔性物质和纤维结构的物质可以消除对流，因为空气在这些物质内很难运动。所有这些物质之所以都是绝热体，就是因为它们具有阻止空气流动的本领。构成纤维或孔壁的物质本身的导热本领不一定很小。

冬天穿着有绒毛的皮大衣很暖和。用细绒毛可以制成很温暖的睡袋。选择特别细的绒毛制的睡袋，质量可以不足 1 斤[①]；1 斤细绒毛所“拘留”的空气相当于几十千克长毛绒布所能“拘留”的空气。

为了减少对流，人们把窗户做成双层的。两层玻璃之间的空气不参与屋内空气层的搅和。

相反，空气的任何运动都要加剧搅和，从而增强热传导。正因为如此，当我们需要很快地散热时，我们用扇子扇，或打开电风扇。但是，如果空气的温度高于人体的温度，则这种搅和会导致相反的结果，感觉到的只是并不凉快的热风。

---

① 1 斤 = 0.5 kg。

蒸汽锅炉的任务是尽可能快地获得所需温度的水蒸气。为此，只利用在重力场中的自然对流是非常不够的。所以设计蒸汽锅炉时的主要任务之一，是建立水和水蒸气的强有力的循环流动，使热层与冷层充分搅拌掺混。

第四章 物质的状态

4.1 铁的蒸气和固态的空气

骤然看到本节的标题时，读者可能会问，这些单词怎么能凑到一起呢？然而，这完全不是胡说：自然界中确实存在铁的蒸气和固态的空气，只不过不是在一般条件下罢了。

究竟需要什么条件呢？物质的状态是由温度和压强所决定的。

我们生活在环境变化很小的条件下。空气压强的变化只是 1 个大气压的百分之几；莫斯科地区空气的温度是 $-30 \sim +30$ ℃；在以最低可能温度（-273 ℃）为零点的绝对温标中，这个温度变化的范围也是比较小的：$240 \sim 300$ K，变化量也只是平均值的 10% 左右。

十分自然，我们已习惯于这些通常的条件。因此，人们往往以为："铁是固体，空气是气体"等是简单的事实，而忘记了"在标准状态下"这个条件。

如果给铁加热，它先熔化，而后蒸发。如果使空气冷却，则它先变为液态，而后凝固。

即使读者从来也没看到过铁的蒸气和固态的空气，他大概也不难相信：任何物质由于温度的变化都可以处于固态、液态或气态；或者说，处于固相、液相或气相。

要相信这一点是很容易的，因为每个人都看到过，有一种地球上的生命所必不可少的物质，它可以处于气态、液态和固态，这种物质就是水。

在什么条件下，物质会由一种状态转变为另一种状态呢？

4.2 沸腾

如果把温度计放在壶里的水中，接通电炉，并注视着温度计中的水银。我们可以看到：水银柱几乎立刻上升。你看，90 ℃，95 ℃，最后指示出 100 ℃。水开了，水银也同时停止上升。水虽然已沸腾了几分钟，但温度计的水银柱高度没有变化。直到水煮干以前，温度不变（图 4.1）。

既然水的温度不变，那么，热量到哪儿去了呢？答案是显而易见的：水转变为水蒸气的过程需要能量。

让我们比较一下 1 g 水和 1 g 水蒸气的能量。水蒸气

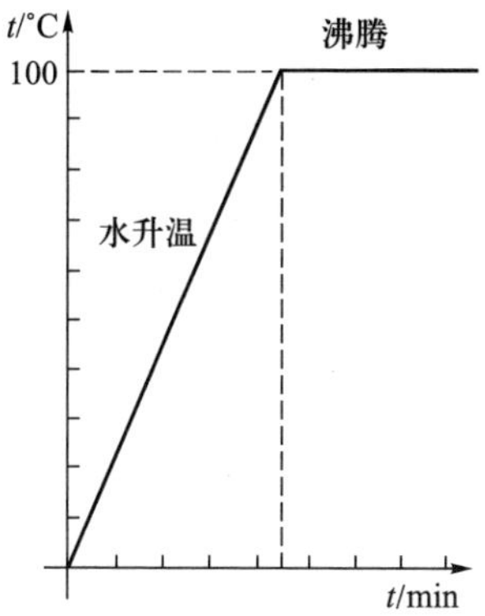

图 4.1

分子彼此间的距离大于水分子彼此间的距离。显然，由于这个原因，水分子的势能不同于水蒸气分子的势能。

相互吸引的粒子间的势能，随着它们的靠近而减小。因此，水蒸气的能量大于水的能量，水转变为水蒸气时需要能量。壶里沸腾着的水所需能量是由电炉供给的。

水转变为水蒸气所需的热量，叫做汽化热。1 g 水转变为水蒸气需要 539 cal 热量（这个数字是对于 100 ℃ 而说的）。

如果 1 g 水汽化需要 539 cal 热量，则 1 mol 水汽化就需要消耗 $18 \times 539\ \text{cal} = 9\ 700\ \text{cal}$ 热量。这些热量是用来破坏分子间联系的。

可以把这个数字跟为了破坏分子内部联系所需作的

功的数值相比较。为了使 1 mol 的水蒸气分解为原子，大约需要 220 000 cal 热量，大约是上述数字的 25 倍。这就直接证明了分子彼此间的作用力比分子中原子间的作用力要小得多。

4.3 沸点与压强的关系

生活经验告诉我们，水的沸点是 100 ℃。是否可以认为，无论在什么地方，无论在什么条件下，水总是在 100 ℃时沸腾呢？

事实并不是这样，高山地区的居民很清楚这一点。

苏联高加索地区有一座高山，山名叫厄尔布鲁士峰。在它附近有一所旅游者之家和一个科学考察站。初来者往往感到惊奇："鸡蛋在开水中为什么煮不熟？""为什么这里的开水不会烫伤人？"。其实，原因很简单——在厄尔布鲁士峰顶，当温度为 82 ℃ 时水已沸腾。

这是怎么一回事呢？沸腾现象与哪个物理因素有关？山的高度在这里起什么作用？

原来，这个物理因素就是作用在液体表面上的压强。为了检验这种看法的正确性，并不需要爬上山顶。

把水放在一个密封容器内，给这个容器充气或从那里抽出空气。可以证实：当容器内的压强增大时，沸点升高；当压强减小时，沸点降低。

只有在一定的压强——760 mm 水银柱（即 1 个大气压）下，水才在 100 ℃ 时沸腾。

沸点与压强的关系曲线，如图 4.2 所示。

图 4.2

在厄尔布鲁士峰顶峰处，气压等于 0.5 个大气压，相应于这个压强的沸点是 82 ℃。

使水在 10 ~ 15 mm 水银柱的条件下沸腾，可以使周围气温降低。在这个压强下，沸点降到 10 ~ 15 ℃。

甚至可以得到具有水结冰温度的“开水”。为此，必须把压强降低到 4.6 mm 水银柱高。

如果把水放在密封的玻璃真空系统内进行连续排气，则可以看到一种有趣的现象。排气迫使水沸腾。但是，沸腾需要热量。没有热源，因此水不得不给出自己的能量。这样，水的沸点开始下降。因为排气过程在继续进行，所以压强也不断降低。因此，水继续不停地沸腾，同时又继续不停地冷却，直到最后结冰。

这种冷水沸腾的现象不仅可以在排气过程中发生。在其他情况下也有。当舰船的螺旋桨快速旋转时，在螺旋桨金属表面附近快速运动的一层水中的压强也急剧地下降，因而使这层水沸腾，在这一层水中就会出现大量的气泡。这种现象叫做气穴现象。

降低压强时，沸点降低。那么增大压强时，又怎样呢？类似的曲线图回答了这个问题。15 个大气压的压强使水的沸腾温度为 200 ℃，而 80 个大气压的压强使水的沸点提到 300 ℃。

总之，一定的外界压强对应着一定的沸点。然而，这个论点也可以“倒过来”说：水的每一个沸点相应于一个确定的压强。这个压强叫做蒸气压。

描绘沸点与压强关系的曲线，同时也是蒸气压与温度的关系曲线。

沸腾温度曲线图（或蒸气压曲线图）上标出的数字表

明：蒸气压急剧地随着温度而变化。当 0 ℃（即 273 K）时，蒸气压等于 4.6 mm 水银柱；当 100 ℃（373 K）时，它等于 760 mm 水银柱，即增大了 165 倍。若温度在绝对温标的意义上倍增（从 273 K 增高到 546 K），即从 0 ℃增高到 273 ℃，则蒸气压从 4.6 mm 水银柱几乎增大到 60 个大气压，约增大了 10 000 倍。

相反，沸点随压强的变化却相当慢。当压强增加 1 倍——从 0.5 个大气压增大到 1 个大气压时，沸点从 82 ℃增大到 100 ℃；当压强从 1 个大气压再增加 1 倍到 2 个大气压时，沸点从 100 ℃ 增大到 120 ℃。

上面所说的这条曲线，也适用于蒸气凝结为水的情况。

要使蒸气变成水，可以用压缩的方法，也可以用降温的方法。

无论是冷凝过程还是沸腾过程，在某系统内的蒸气完全转变为水，或水完全转变为蒸气的过程还没有完全结束之前，这些变化过程不会偏离上述曲线。也可以这样来表述：在上述曲线所指出的条件下，也只有在这些条件下，液体和它的蒸气才有可能共存。如果这时不向该系统供热，也不从该系统取走热量，则密封容器中的蒸气和液体的量是保持恒定不变的。关于这种蒸气和液体，可以说它们处于平衡状态中，跟其液体处于平衡状态的蒸气叫做饱和蒸气。

正如我们看到的，沸腾曲线和凝结曲线还有一个含义——这是液体和它的蒸气的平衡曲线。平衡曲线把整个画面分成两部分。曲线的左上方（温度较高，压强较低的区域）是稳定的气态区。曲线的右下方是稳定的液态区。

气态–液态的平衡曲线，即沸点与压强的关系曲线，或者说是蒸气压与温度的关系曲线，对于所有液体来说，大致都是一样的。对于一种物质来说，变化的速度较快；对于另一种物质来说，变化的速度可能较慢。但蒸气压总是随着温度的升高而迅速增大。

4.4 蒸发

沸腾——这是一种很快的过程。在很短的时间内，沸腾着的水就可以不留痕迹地化为蒸气而逸散。

然而，水或其他液体转变为蒸气也可以通过另外一种过程——这就是蒸发。蒸发在任何温度下都可以进行，与压强无关。蒸发与沸腾不同，它是一种很缓慢的过程。一只盛有香水的小瓶，如果我们忘记盖盖儿，经过几天的时间，就变成空瓶了；盘子里的水可以保存得长久一些，但迟早它也要干掉。

在蒸发过程中，空气起着很大的作用。空气本身并不妨碍水的蒸发。只要我们使液体表面敞开，水分子就开始进入到最邻近的空气层。在这一空气层中的蒸气密度很快地增大；经过不长的时间，蒸气的压强就变得跟环境温度相应的蒸气压相等。此时的蒸气压跟没有空气时是一样的。

当然，蒸气向空气中迁移并不意味着压强增大。水面上方空间的总压强没有增大，增大的只是蒸气本身的压强在总压强中所占的比例。蒸气赶跑了一部分空气，使空气的压强所占的比例相应地减小了。

靠近水面处的空气中混入了水蒸气，而在较高处的空气层中没有水蒸气。它们不可避免地要相互混合。水蒸气不断地向较高层迁移，使近水面处原来这些水蒸气所在的地方又补进了没有水分子的空气。因此，在水面附近不断地腾出地方，使新的水分子能够飞出水面，水就不断地蒸发，使水面附近水蒸气的压强始终保持等于蒸气压。这个过程一直持续到水完全蒸发掉为止。

我们以香水和水为例介绍了蒸发现象。众所周知，它们蒸发的速率是不同的。蒸发特别快的是乙醚，酒精的蒸发也不慢，水的蒸发就慢得多。如果我们在手册中查出这些液体（例如，在室温时）蒸气压的数值，就立刻可以发现问题的实质所在。这些数字是：乙醚——437 mm 水银柱，酒精——44.5 mm 水银柱，水——17.5 mm 水银柱。

蒸气压越大，跑到邻近液面空气层中的蒸气就越多，因而液体蒸发得越快。我们知道，蒸气压随着温度的升高而增大。正因为如此，加热时蒸发的速率增大。

还可以用另外的方法来影响蒸发的速率。如果我们希望加快蒸发，就应当快些导走液面附近的蒸气，即加快蒸气与空气的混合。正因为如此，给液体吹风可以加速蒸发。尽管水的蒸气压不大，但如果把盛水的小碟放在有风的地方，水蒸发得也很快。

正因为如此，刚从水中出来的游泳者，风一吹就感到冷。风加快了空气与水蒸气的混合，这就是说，加快了水的蒸发，而人体不得不供给水蒸发所需的热量。

人身体的感觉跟空气中有多少水蒸气有关。干空气和湿空气都使人感到不舒服。人们感到合适的湿度是 60%。这就是说，水蒸气的密度最好是相同温度下饱和水蒸气密度的 60%。

如果使湿空气冷却，则其中水蒸气的压强最后会变得与该温度下的蒸气压相等。蒸气变为饱和蒸气。当进一步降低温度时，水蒸气就开始凝结为水。正是由于这个原因，早晨在青草和树叶上常可看到露水。

当温度为 20 ℃ 时，饱和水蒸气的密度大约是 0.000 02 g/cm^3。如果空气中的水蒸气是这个数值的 60%，就是说，每立方厘米中有十万分之一克多一点的水蒸气，那么，我们就会感到很舒服。

虽然这个数字是很小的，但是，对于整个房间来说，蒸气的数量并不少。不难计算，在面积为 12 m^2、高 3 m 的房间中，以饱和水蒸气的形式存在的水量约有 1 kg。

这就是说，如果把这个房间完全密封起来，并在其中放一个盛水的不盖盖子的敞口大水桶，则无论水桶有多大都要蒸发掉 1 L 的水。

把水的这个结果跟水银的相应数字进行比较，是很有趣的。在同样是 20 ℃ 的温度下，饱和水银蒸气的密度是 10^{-8} g/cm^3。在上面谈过的那个房间里，只能容纳不超过 1 g 的水银蒸气。

顺便说一下，水银蒸气是有很大毒性的，1 g 水银蒸气就可以严重地损害人的身体健康。使用水银的时候必须注意，不要洒掉哪怕是极小的一滴水银。

4.5 临界温度

怎样才能使气体转变为液体？沸腾过程的曲线图可以回答这个问题。用降低温度或增大压强的方法，可以使气体转变为液体。

在十九世纪，增大压强比降低温度容易实现。到二十世纪初，伟大的英国物理学家 M·法拉第成功地把气体压缩到了蒸气压的数值，并用这种方法使许多气体（氯，二氧化碳气体等）转变为液体。

然而，一些气体——氢、氮、氧，当时无论如何也没有能压缩成液体。无论压强增到多大，它们也没有转变为液体。曾经以为氧和其他一些气体不可能被液化，以为它们是真正的气体，或永久性气体。

事实上，这种误解是由于当时不了解一个重要情况。

现在让我们讨论处于平衡状态的一种液体和它的蒸气，并且考虑一下，当沸腾温度增高时（因而也就是考虑，当相应的压强增大时），这种液体和它的蒸气会发生什么情况。换句话说，让我们设想沸腾曲线上的点沿着曲线向上移动的情况。显然，当温度升高时液体膨胀，因而它的密度减小。至于蒸气，沸腾温度增高会促进它的膨胀，但是，正如我们所说过的，饱和蒸气压的增大比沸腾温度的增高要快得多。因此，蒸气的密度不但不会减小，相反，却随着沸腾温度的增高而很快地增大。

因为液体的密度减小，而蒸气的密度增大，所以，沿着沸腾曲线“向上”移动时，我们必然会看到液体密度与蒸气密度相等的一个点（图 4.3）。

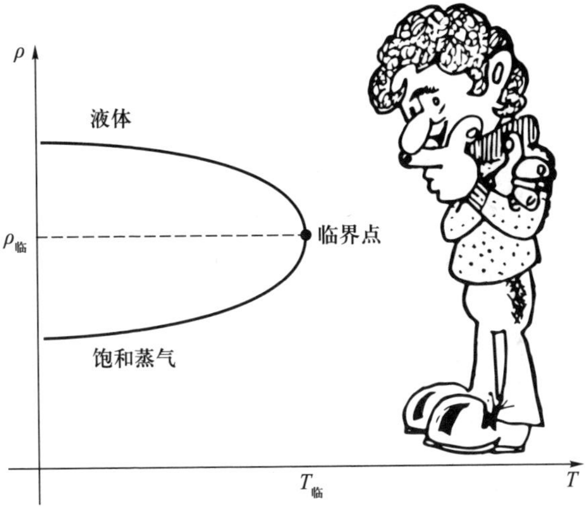

图 4.3

沸腾曲线终止的这个特殊点，叫做临界点。因为气体和液体的一切区别都归结为密度的差别，所以，在临界点，液体和气体的性质变得相同。每一种物质，都有自己的临界温度和临界压强。例如水的临界点，温度为 374 ℃，压强为 218.5 个大气压。

对于压缩温度低于临界温度的气体，可以用穿过沸腾曲线的箭头（图 4.4）来表示其压缩过程。这就是说，在压强等于蒸气压（箭头与沸腾曲线的交点）时，气体开始凝结为液体。假如我们的容器是透明的，这时我们可以看到容器底部首先形成一层液体。在压强不变的情况下，这层液体不断扩大，直到全部气体最终都转变为液体为止。若要再进一步压缩，就必须增大压强。

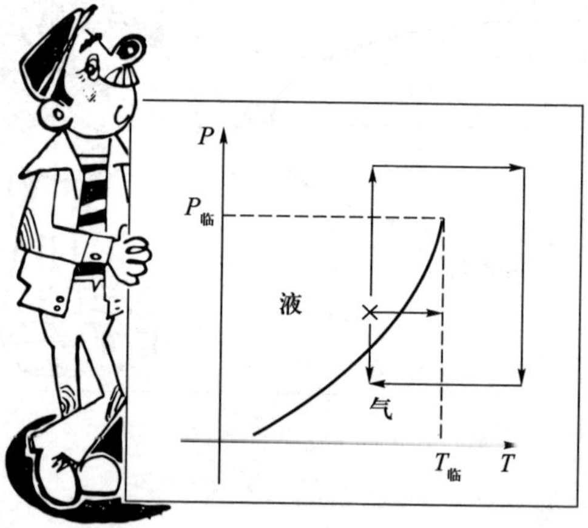

图 4.4

对于压缩温度高于临界温度的气体，情况就完全两样了。压缩过程可以用由下向上的箭头表示。但是，这个箭头不跟沸腾曲线相交。就是说，当压缩时，蒸气并不凝结，而只是不断地密集。

当温度高于临界温度时，不可能存在有分界线的液体和气体。在这种温度下，若用活塞压缩某种气体，则不论该物质的密度变得多大，容器内的物质总是均匀的，很难说什么时候该把它叫做气体，而什么时候该把它叫做液体。

临界点的存在表明：液态和气态没有原则的区别。乍一看可能以为只有在温度高于临界温度的情况下，才没有这种原则的区别。但事实并非如此。临界点的存在表明：有可能使液体（最最普通的、可以倒入茶杯中的液体）不经过任何类似沸腾现象的过程，就转变为气体。

这种使液体转变为气体的方法如图 4.4 所示。在叉点（×）位置该物质明显地处于液态。如果稍微降低压强（箭头向下），它便沸腾了；如果稍微升高温度（箭头向右），也可以使它沸腾。但是，也可以采取另外一种做法，就是使用超过临界压强的巨大压力去压缩液体。这时，表示液态的叉点（×）竖直上升。然后，加热液体（这个过程在图中用水平实线描述）。在温度超过临界温度以后，再使压强降低到开始时的数值。这时，如果降低温度，就可以得到这种液体的蒸气。这就是该液体的普通蒸气，它可以采用简单地使该液体沸腾的方法而获得。

由此可见，采用绕着临界点改变压强和温度的方法，可以使液体变成气体，或使气体变成液体；在此过程中可以使人感觉不出液态与气态之间的分界线。在这种所谓的连续性过渡中不存在沸腾或冷凝的现象。

现在我们明白了，以往作过许多努力想获得液化氧、氮、氢之所以没有成功，是因为不知道有临界温度的存在。这些气体的临界温度是很低的：氮——−147 ℃，氧——−119 ℃，氢——−240 ℃。氦的临界温度最低，它等于 4.3 K。要把这些气体转变为液体只有一种方法——先把它们的温度降低到上述温度以下。

4.6 低温的获得

可以用不同的方法来大幅度地降低物体的温度。然而，所有方法的原理是一样的：应当迫使我们希望降温的物体消耗自己的内能。

怎样才能实现这个想法呢？一种方法是迫使液体沸腾，但又不由外界供给能量。前面我们已经讲过，为此就应当使压强降低，要降到该液体蒸气压的数值。沸腾所消耗的热量由液体本身提供，因而使液体和蒸气的温度降低，同时蒸气压也降低。因此，为了沸腾不中止，并能很快地进行，必须从盛溶液的容器中不断地抽去空气。

然而，在这个过程中温度的降低是有限度的：蒸气压最后达到一个很小的数值，甚至用最好的真空泵也不能使压强降到所需要的数值。

为了使温度继续降低，还可以用已获得的液体来冷却某种气体，使这种气体转变为沸腾温度更低的液体。现在，对第二种物质可以进行排气；这样，可以得到更低的温度。必要时，可以把获得低温的这种“阶梯”方法的“阶数”增加。

在十九世纪末就是用这种方法，逐级实现了一些气体的液化。液化的顺序是：沸点分别为 −103 ℃、−183 ℃、−196 ℃ 和 −253 ℃ 的乙醚、氧、氮和氢。使用液态氢，可以获得沸点最低的液体——液氦（−269 ℃）。

使用“阶梯法”进行冷却差不多已有一百年。1877 年用这种方法得到了液态空气。在 1884—1885 年首次得到了液态氢。最后，又经过了二十多年，夺得了最后一个堡垒：1908 年卡美林 · 奥涅斯在荷兰的莱顿把具有最低临界温度的物质——氦转变成了液体。

有很长一段时期，莱顿实验室一直是唯一的“低温”实验室。目前，全世界已有几十个这种实验室，至于生产液态空气、液态氮、液态氧和液态氦的工厂，更不必提。

现在已经很少使用“阶梯法”来获得低温。在降温技术设备中，人们采用了其他方法来减少气体的内能：迫使气体迅速膨胀，从而消耗其内能。

例如，如果把压缩到几个大气压的空气输送到膨胀器中，当膨胀时，因活塞移动或轮机旋转作功，空气会急剧冷却，并转变为液体。如果把瓶中的二氧化碳气体迅速地放出，它将急剧地降温，在“飞行”中迅速转变为“冰”。

液态气体在工程技术中有广泛的应用。液态氧应用于爆破工程，作为火箭发动机中混合燃料的组成部分。

空气的液化应用于使空气的各种组成成分分离的技术中。

液态空气的温度在各个工程技术领域中得到了广泛的应用。然而，对于很多的物理研究来说，这个温度还是不够低的。事实上，如果把摄氏温标换为绝对温标表示，我们可以看出：液态空气的温度，大约是室温的 1/3。对于物理学家来说，他们更感兴趣的是“氢”的温度，即 14 ~ 20 K，特别是“氦”的温度。给液态氦减压所能获得的最低温度是 0.7 K。

现在物理学家的降温工作已作到了非常接近绝对零度。目前得到的最低温度只比绝对零度高千分之几。然而，获得这种超低温的方法，不是我们上面所说的。

近几年来，由低温物理学派生出一个专门的工业部门，它从事生产能使较大物体的温度保持在绝对零度附近的设备。

4.7 过冷蒸气和过热液体

当温度降到沸点以下时，蒸气应当凝结，转变为液体。如果蒸气不与液体接触，而且蒸气很纯净，结果将得到过冷蒸气或过饱和蒸气，这是早就应该转变为液体而没转变的蒸气。

过饱和蒸气是很不稳定的。有时只要稍稍震动一下，或在蒸气空间中放进一些小微粒就足以使蒸气迅速开始凝结。

经验表明：在蒸气中放进一些微小的异类粒子，可以大大地降低蒸气分子的密集程度。在有灰尘的空气中是不能产生过饱和水蒸气的。一团一团的烟可以引起凝结。原来，烟是一些固体微粒所组成的。当它们落入蒸气中时，这些微粒就成为凝结中心，使蒸气分子聚集在它们的周围。

总之，尽管饱和蒸气是不稳定的，它仍可以存在于液体“生存”的温度范围内。

那么，在蒸气“生存”的条件下，能够存在液体吗？换句话说，有没有过热液体？

当然是有的。为此就应设法使液体分子不离开液体表面。根本的方法是消除自由液面，即把液体放在这样的容器里，使得液体各个方面都紧挨着固体的器壁。用这种方法可以使液体的温度提高到超过沸点几度，即把描绘液体状态的点引到沸腾曲线的右边（图 4.4）。

过热——就是把液体移到蒸气区域，因此，无论是供热，还是减小压强，都可以得到过热液体。

用后一种方法可以获得惊人的结果。仔细地排除掉混在水或其他液体中的气体（这不容易做到），然后将其放在带活塞的容器中，活塞紧挨液体表面。容器和活塞都应当是能被液体浸润的。如果这时拉动活塞，则附着在活塞底面上的水跟着活塞一起运动，并且吸引着相邻的一层水，这一层水又吸引着其相邻的一层水……这样，液体就被抽动了。

最后，水柱被拉断（注意，是水柱被拉断，而不是水离开活塞底面）。然而，只有当作用在活塞单位面积上的力达到几十千克力的时候，换句话说，在液体中造成了几十个大气压的负压强时，才会发生这种现象。

在很小的正压强时，物质的气态就不稳定了。而液体处于负压强的作用下还能保持稳定状态。很难找到更鲜明的过热现象的例子。

4.8 熔解

如果无限制地给固体加热，则任何固体都不能始终保持其固态。固体块迟早要转变为液体；不错，在一些情况下，我们不能达到熔解它的目的——某些固态物质可能在熔解以前就发生化学分解了。

随着温度的升高，分子运动加剧。最后，要使剧烈“振动的”分子维持有秩序的排列就逐渐变得不可能——固态的物体熔解了。钨的熔点最高：3 380 ℃。金在 1 063 ℃熔解，铁在 1 539 ℃ 熔解。可是，也有易熔金属。水银在 −39 ℃ 时已经熔解了。有机物的熔点都较低。萘（樟脑）在 80 ℃ 时熔解，甲苯在 −94.5 ℃ 时熔解。

测量物体的熔点，特别是当熔点位于普通温度计的测量范围以内时，是一点也不困难的。完全不需要用眼睛观察是否已开始熔解。只要观察温度计的水银柱就足以作出判断。在开始熔解以前，温度不断地升高（图 4.5）。只要刚一开始熔解，温度就不再升高。在熔解过程中，温度保持不变，直到熔解过程完全结束。

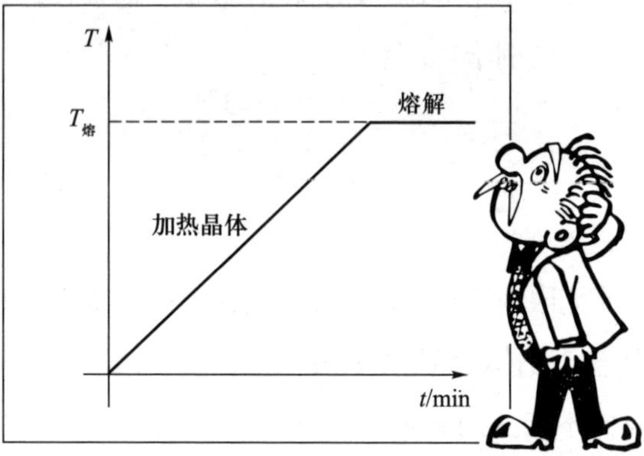

图 4.5

跟液体转变为蒸气时一样，固体转变为液体时也要吸热。单位质量的某物质熔解时所需的热量叫做熔解热。例如，熔解 1 kg 的冰需要热量 80 kcal。

冰是属于熔解热较大的一种物体。例如，熔解冰需要的热量是熔解相同质量的铅所需热量的 10 倍。不言而喻，我们所说的是熔解过程本身所需的热量，并没有涉及在铅开始熔解以前必须加热到 327 ℃ 所需的热量。由于冰的熔解热较大，所以雪的融化是缓慢的。假如冰的熔解热减小到原来的 1/10，则在春汛时，每年都要引起不可想象的灾难。

总之，冰的熔解热是很大的。但是，如果把它的数值与水的汽化热（540 kcal/kg）相比，则它还是比较小的（只是汽化热的 1/7）。其实，这个差别是十分自然的。液体转变为蒸气时，我们必须使一个分子与另一个分子分离开来；而当熔解时，我们只是破坏了分子排列的秩序，分子间的距离几乎保持不变。显然，第二种情况要求作的功较少。

存在确定的熔点是晶体物质的重要标志。正是根据这个标志，很容易把晶体物质与所谓的非晶物质或玻璃状物质的其他固体区别开来。无论是无机物还是有机物，都可以形成玻璃状物质。窗玻璃通常是由钠和钾的硅酸盐构成的；放在写字台上的一般是有机玻璃（聚甲基丙烯酸酯）。

非晶物质跟晶体不一样，它没有确定的熔点。玻璃不熔解，而只是软化。对一块玻璃加热时，它先从坚硬变软，变得很容易弯曲或拉伸；当温度更高时，在重力作用下，开始改变形状。若继续加热，稠密的、黏滞的玻璃物质就会变得与盛它的容器的形状一样。这种物质先是很稠，像蜂蜜一样；然后变稀一点，像酸奶油；最后变成黏性很小的液体，像水一样。虽然我们很希望找出玻璃从固态变到液态的确定的转变温度，但不可能。其原因在于玻璃的结构与晶体的结构有本质的不同。正如以前所讲过的，非晶体中的原子是无秩序地排列的。按照结构来说，玻璃属于液体。固体玻璃中的分子是无秩序地排列的。就是说，升高玻璃的温度，只是增大了玻璃分子振动的振幅，给予了分子越来越大的移动自由。因此，玻璃是逐渐地软化的，它并不显示出从“固态”到“液态”的急剧转变，这种急剧转变是分子从严格的有序排列过渡到无序排列时的特征。

当讲到沸腾曲线时，我们曾说过：液体和它的蒸气可以互相处于对方的区域——虽然在这种状态下它们并不稳定。蒸气可以过冷因而转入沸腾曲线的左边；液体可以过热，即转入曲线的右边。

晶体和液体也有类似的现象吗？人们发现，这种类似是不完全的。

如果给晶体加热，则当达到其熔点时晶体开始熔解。不可能使晶体过热。相反，只要采取某些措施，就可以使液体比较容易地“跃过”熔点，可以有过冷的液体。某些液体可以达到很深的过冷状态。有些液体甚至很容易过冷，但却很难使它结晶。随着这种液体的冷却，它的黏性越来越大，最后硬化，但不结晶。玻璃就是这样。

水也可以过冷。雾中的小水滴甚至在严寒的冬天里也可以不结冰。但如果往过冷的液体中投入一些小晶粒——籽晶，则很快就开始结晶。

在很多情况下，过冷液体中延缓了的结晶过程可以由于震动，或由于其他偶然事件而开始。例如，大家知道，晶状甘油是在铁路运输中首先得到的。玻璃放置很长时间以后也会开始结晶（晶态化）。

4.9 晶体是怎样生长的?

在适当的条件下，几乎任何物质都可以形成晶体。可以从溶液或该物质的熔融体，以及从它的蒸气中生成晶体（例如，在 1 个大气压下，碘的蒸气不经过中间的液态就可以很容易地生成黑色的、菱形的碘晶体）。

把食盐或糖溶解在水里。在室温（20 ℃）下，普通玻璃杯中只能溶解 70 g 盐。再增加盐就不能溶解，只能沉淀到杯底。其中不能再增加溶质的溶液叫做饱和溶液。如果改变温度，则物质的溶解度也改变。众所周知，热水溶解大多数物质要比冷水容易得多。

设想在温度为 30 ℃ 的情况下制成了糖的饱和溶液。然后把它降温到 20 ℃。在 30 ℃ 时，100 g 水中可以溶解 223 g 的糖；在 20 ℃ 时，只能溶解 205 g 的糖。当温度从 30 ℃ 降到 20 ℃ 时，18 g 的糖是“多余的”，将从溶液中退出来。这样，获得晶体的一个重要的方法就是冷却饱和溶液。

也可以用另外的方法获得晶体。准备一杯食盐的饱和溶液，水杯不要有盖子。经过一段时间，你会发现水杯里有晶体出现。为什么会形成晶体呢？仔细的观察表明：在形成晶体的同时还发生了另一种变化——杯子里的水减少了。水蒸发了，因而在溶液中出现了“多余的”食盐。于是，获得晶体的另一个重要方法是使溶液蒸发。

溶液中的晶体究竟是怎样生成的呢？

我们曾经说过，晶体是从溶液中“退出”来的。是否应当这样来理解：把溶液放置几个星期也没有晶体，突然，在某一瞬间，晶体生成了？不，事情不是这样：晶体是逐渐增长发展的。当然，在晶体刚开始生成时，肉眼是看不见的。起初，少量作无序运动的溶质分子或原子先聚集起来，它们大体上按照形成晶格所应有的次序排列。这一群原子或分子叫做核。

实验表明：核往往是在溶液中存在某种另外的微粒时所形成的。若在饱和溶液中有一粒微小的晶体籽晶，则很快而且很容易开始结晶。这时从溶液中析出的固态物质不是新形成的晶体，而是籽晶生长成的。

当然，核的生长与籽晶的生长没有区别。利用籽晶这个词的意思是：它把析出的物质“吸引”过来，从而阻碍了同时形成大量的核。如果已经形成了很多的核，则它们在生长过程中彼此干扰，使我们不能得到大的晶体。

从溶液中析出的原子或分子，在核的表面上是怎样分布的呢？

实验表明：核或籽晶的生长，好像是晶面在垂直于晶面方向上平移的结果。这时，晶面与晶面之间的夹角保持恒定不变（我们已经知道，一定的夹角是晶体的最重要标志之一，这是由晶体的点阵结构所决定的）。

图 4.6 示出由同一物质生成的三个晶体的外形。用显微镜可以看到这种图形。图中所示的情况是在生长期间，晶面的数目保持不变。中间的图，示出了出现缺陷（右上方）而后又消失的例子。

图 4.6

特别重要的是：不同的晶面生长速度（即晶面平移的速度）是不同的。移动很快的晶面“长出来”——又消失了，例如中间那张图左下方的晶面。相反，生长缓慢的晶面是最宽的，即生长得最好。

在最后的一张图（右图）上，可以特别清楚地看到这一点。正是因为生长速度的各向异性，无定形的碎块最后长成了与其他晶体一样的形状。完全一定的晶面排挤其他晶面而生长的趋势越来越强，最后使晶体获得了这种物质所特有的典型外形。

如果籽晶是球形的，这时，交替地使溶液稍微冷却和变热，可以看到很漂亮的中间形状。当加热时，溶液变成未饱和的，使籽晶有一部分溶解；冷却使溶液饱和，并使籽晶生长。然而，籽晶不再按球形生长，好像是分子沉积时预先选好了地方。在此过程中，物质从球的一个地方迁移到另外的地方。

起初在球的表面上出现块状的小晶面。小块逐渐增大、靠拢，最后联结起来，形成直线状的棱边。球变成了多面体。然后，一些晶面淹没了另外一些晶面，一部分晶面长得完善了，使晶体获得了它固有的形状（图 4.7）。

在晶体的生长期间可以看出生长的基本特性——晶面平行迁移。析出的物质一层层地构成晶面：在前一层未

图 4.7

填满之前不会开始下一层。

图 4.8 所示的是“没筑完的”原子窝巢。图中用 A、B、C 三个字母标出了三个位置。新的原子放到哪个位置最为牢靠呢？毫无疑问，应当放在 A 处。因为在 A 处原子要受到三个方面邻近原子的吸引；在 B 处受两个方面邻近原子的吸引；而在 C 处只受一个方面邻近原子的吸

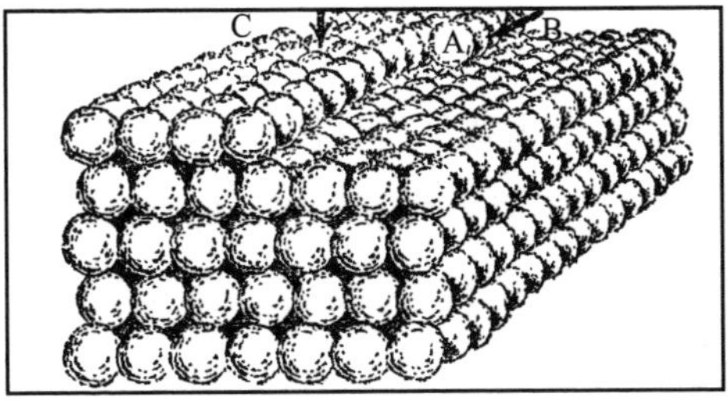

图 4.8

引。因此，原子先是逐渐填满 A 点所示的行，接着填满 B 点所示的平面，最后才开始铺设新的平面。

在许多情况下，晶体是由熔化了的物质形成的。在自然界中大规模地发生这种现象：由灼热的岩浆形成了玄武岩、花岗石，以及其他许多种岩石。

让我们给某种晶体物质，例如岩盐，加热。在达到 804 ℃ 以前，岩盐晶粒变化不大：它们只有微小的膨胀，但仍然是固态；加热时，放在盛有该物质容器中的测温器指示出温度不断地升高。当达到 804 ℃ 时，我们立刻可以发现两个彼此有联系的新现象：物质开始熔解和温度停止升高。在该容器内的物质没有全部转变为液体以前，温度不变；当温度继续升高时——这已是对液体加热了。所有晶体物质都具有确定的熔点。冰在 0 ℃ 时熔解，铁在 1 539 ℃ 熔解，水银在 −39 ℃ 熔解等。

我们已经知道，在每个晶体中，物质的原子或分子形成有秩序的排列，并在自己的平衡位置附近作微小振动。粒子的振动速度和振幅也随着物体的加热而增大。

粒子的运动速度随着温度的升高而增大，这是自然界中处于任何状态——固态、液态或气态物质的一个重要规律。

当晶体的温度达到一定的高温时，它的粒子的振动也变得如此有力，使得粒子不可能再保持整齐的排列——晶体熔解了。随着熔解的开始，所吸收的热量不再用来增大粒子的速度，而是用来破坏晶体点阵。因此，温度不再升高。当温度再次升高时，晶体已熔化成液体，继续升温的结果是使液体粒子的速度增大。

熔融体结晶的过程是按上述现象相反的顺序进行的：随着液体的冷却，其粒子的紊乱运动逐渐减缓；当达到一定的、足够低的温度时，粒子的速度已经很小，其中的一些粒子在相互引力的作用下开始彼此聚集，形成了晶体的核。直到这块物质全部结晶以前，温度恒定不变。这个温度就是熔点。

如果不采取专门的措施，则结晶过程会在熔融体中的很多地方同时开始。起初，晶粒长成整齐的多面体，正如我们前面所描述的那样。但是，这种自由生长的时间很短：小晶体增大时，它们彼此相碰，在相互接触的地方就停止生长。结果，使变硬了的物体获得颗粒结构。每个颗粒都是没有获得自己特有的规则形状的单个小晶体。

根据很多条件，首先是冷却的速率，固体内可以形成或大或小的颗粒：冷却的过程越慢，颗粒就越大。晶体颗粒的大小，从百万分之一厘米到几个毫米。在大多数情况下，用显微镜可以看到晶体的颗粒结构。通常，固体正是具有这种小晶体结构。

金属凝固的过程对于工程技术是很重要的。物理学家对铸造过程和金属凝固过程中所发生的现象研究得非常仔细。

当凝固时，大多数生长成像树一样的单晶体，叫做树枝状晶体。在某些情况下，这些树枝状晶体是随机取向的；在另一些情况下，是彼此平行的。

图 4.9 中示出了一个树枝状晶体的几个生长阶段。在一个树枝状晶体遇到其他树枝状晶体以前，它可以这样生长。在铸件中我们找不到树枝状晶体。因为事情也可以按另一种方式发展：当树枝状晶体还“年轻”时，它们可以挤在一起，互相交叉地生长（一个晶体的“树枝”穿插到另一个晶体“树枝”的空隙中）。

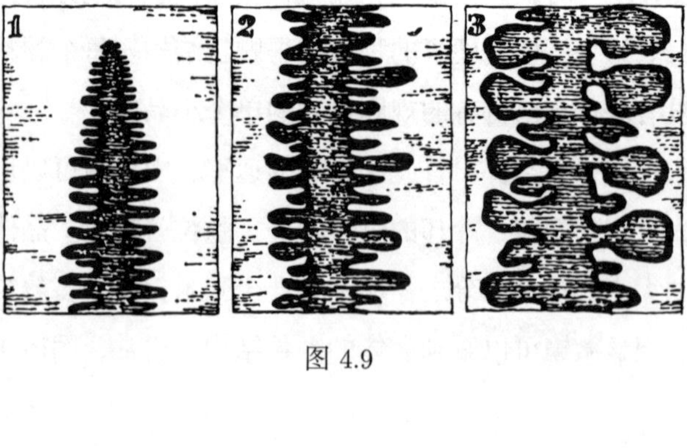

图 4.9

由此可见，可以有这样的铸件，它们的颗粒（如图 2.22 所示）具有非常不同的结构。而金属的性质在很大程度上取决于这个结构的特性。改变冷却的速率和导热系统，可以控制硬化时金属的行为。

现在我们谈一谈如何培育出大的单晶体。显然，需要采取措施，使晶体只从一个地方生长。如果已经有多个小晶体开始生长，则无论如何也要创造条件，使得只有其中一个小晶体能获得良好的生长条件。

例如，培育易熔金属的晶体时就是这样。把金属放在一个细长的玻璃试管中进行熔化。用线将试管悬挂在竖直圆筒形火炉的内部，并缓慢地往下放。试管的一端慢慢从火炉出来，因而逐渐冷却，开始结晶。起初，先形成一些小晶体。但是，向侧面生长的小晶体碰到试管的壁上，因而延缓了它们的生长。只有沿着试管的轴线方向，即熔融体深度的方向生长的晶体，才具有最有利条件。随着试管的下放，到达低温范围内的那部分熔融体将“喂养”这个唯一的晶体。因此，在所有的小晶体中，能够继续生存的只有这一个。随着试管的下放，它将沿着试管轴线的方向继续生长。最后，全部熔融的金属凝固为一个单晶体。

这也是培育难熔的红宝石晶体的原理。撒下一束物质的细末，使其通过火焰，这时细末熔解。小液滴落在面积很小的难熔基底上，形成很多的小晶体。当小液滴不断地落向基底时，所有的小晶体都能生长；但是，只有处于“接受”下落液滴最有利位置的小晶体能够长大。

为什么需要大块的晶体呢？

工业和科学研究常常需要使用大的单晶体。酒石酸钾钠（罗谢尔盐）和石英的晶体具有一种出色的特性，它们可以把机械作用（例如压强）转变为电压。这一特性在工业技术中获得了广泛应用。

光学工业需要方解石、岩盐、萤石等的大晶体。

钟表工业需要红宝石、蓝宝石和其他一些宝石的晶体。这是因为一般钟表的某些可动部件每小时要振动 20 000 次。这样高的运动速度对轴尖和轴承的质量提出了非常高的要求。用红宝石或蓝宝石作轴承，对于直径为 0.07 ~ 0.15 mm 的轴尖来说，磨耗是最小的。这些物质的人造晶体很坚硬，用钢也很难磨损。在钟表中用人造的宝石比用同样的天然宝石更好。

然而，工业上最有意义的还是培育半导体单晶体（硅）。没有这些晶体，简直无法设想有近代无线电电子学。

4.10 压强对熔点的影响

如果改变压强，则熔点也改变。在讨论沸腾的时候，我们曾见到过这样的规律：压强越大，沸点越高。一般地说，对于熔解也是压强越大，熔点越高。然而，也有少数物质是反常的，它们的熔点随着压强的增大而降低。

对于绝大多数物质来说，固态时的密度比其液态时密度大。当压强改变时其熔点不按一般规律改变的物质，例如水，正是这种规律的例外。冰比水轻，因而压强增大时熔点降低。

压缩可使物质的密度增大。如果固体比液体密度大，因为压缩有利于硬化，所以阻碍熔解。然而，如果压缩使物质较难熔解，这就意味着，在这个温度下本来该熔解的物质，现在仍处于固态。即当压强增大时，熔点升高。在反常的情况下，液体比固体密度大，因而压强增大可以促使形成液体，即可以使熔点降低。

压强对熔点的影响，比对沸点的影响要小得多。压强增大到 100 kgf/cm^{2}①，冰的熔点只降低 1 ℃。

① kgf（千克力），非我国法定计量单位。1 kgf = 9.80665 N。——编者注

为什么冰刀只能在冰上滑，而不能在同样光滑的地板上滑？很明显，唯一的解释是形成了使冰刀润滑的水。钝的冰刀在冰上是不好滑的。应当把冰刀磨锐，使得冰刀能划破冰面。因为在这种情况下，压在冰上的只是冰刀的刀刃。对冰面的压强增大到几万个大气压，冰终究被熔解了。

4.11 固体的蒸发

当谈到“物质蒸发”的时候，一般是指液体的蒸发。但是，固体也可以蒸发。有时候把固体的蒸发叫做升华。

例如，萘是一种挥发性的固体。它在 80 ℃ 时熔解，可是在室温情况下就能蒸发。正是萘的这个性质被用来消灭蛀虫。在放毛皮大衣的箱子里放几个萘球（俗称樟脑球），使箱子里充满萘的蒸气，蛀虫就忍受不了。任何能发出气味的固体都是挥发性较强的物质。气味是从物质里跑出来、达到我们鼻子里的分子所产生的。然而，大多数固体的挥发性很小，甚至非常仔细地研究时也难以发现这种挥发性。原则上，任何固态物质（注意“任何”二字），甚至铁和铜，都有挥发性。如果我们没有发现某种物质的挥发现象，则仅仅意味着该物质的饱和蒸气压非常之小。

跟固体处于平衡状态的饱和蒸气的密度，随着温度的升高而很快地增大（图 4.10）。可以确信：在室温时发出浓烈气味的许多物质，在低温的情况下，就没有气味了。

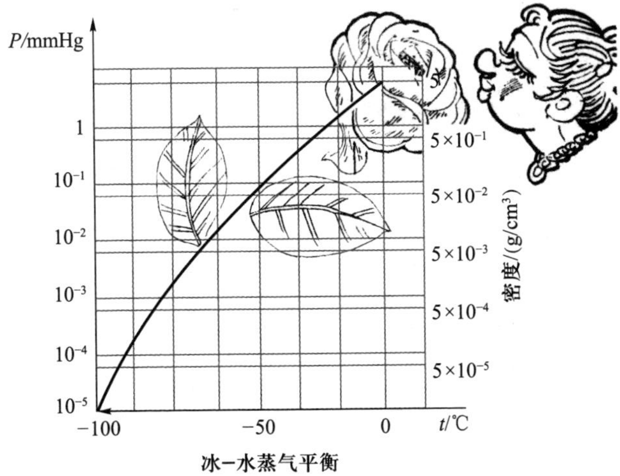

图 4.10

在大多数情况下，要显著地增大固体的饱和蒸气密度是不可能的，理由很简单——在达到这一目的之前物质就先熔解了。

冰也会蒸发，北方的家庭主妇都知道这一点。在严寒的冬天她们把湿衣服晾挂到外面；先是水结冰，然后冰蒸发，最后可以收取干衣服。

4.12 三相点

综上所述，在一定的条件下，蒸气、液体和晶体三者可以两个两个地处于平衡状态。

能不能使所有三者同时处于平衡状态呢？在压强－温度曲线图上存在这样的点，它叫做三相点。三相点在哪？

如果在零摄氏度时，把冰水混合物放在密闭的容器中，则在其自由的空间中将出现水的（和“冰的”）蒸气。当压强为 4.6 mm 水银柱时，蒸发停止，达到饱和。现在，三个相——冰、水和水蒸气——处于平衡状态中。这就是三相点。

图 4.11 所示水的曲线图，清楚地表明了不同状态之间的关系。

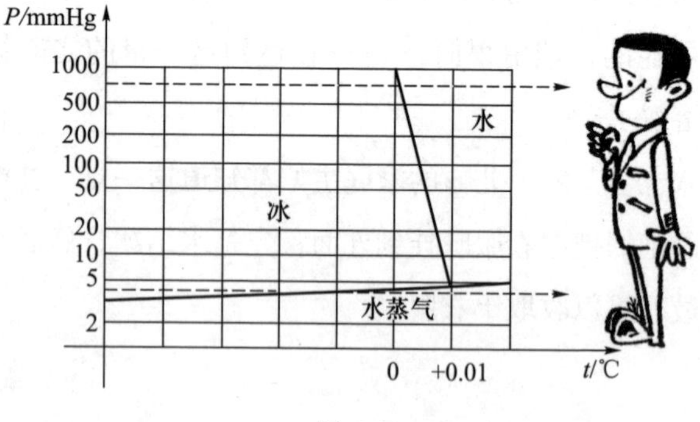

图 4.11

可以对任何物体画出这种曲线图。

图上的曲线我们是知道的——它们分别是冰和水蒸气、冰和水、水和水蒸气的平衡曲线。正如通常所规定的，纵坐标轴表示压强，横坐标轴表示温度。

三条曲线交于三相点，并把画面分为三个区域——冰、水和水蒸气的存在空间。

状态图是一种简明的指南。它的任务是回答如下的问题：在某个压强和某个温度下，物体处于什么状态才是稳定的。

如果把水或水蒸气放在“左边区域”的条件中，则它们变为冰。如果把液体或固体移到“下面区域”的条件中，则得到它们的蒸气。在“右边区域”的条件中，水蒸气将凝结，而冰将熔解。

状态图可以使人们立刻看出：当增温或加压时物质的状态怎样变化。在压强一定的条件下增温时，在图上用水平线表示。描绘物体状态的点，沿着水平线从左向右移动。

图 4.11 描绘了两条这样的线，其中一条（图中上面的那条虚线）表示在标准大气压下加热。这条线高于三相点。因此，它先是与熔解曲线相交，然后，在图的范围以外（向右延长）才与蒸发曲线相交。在标准大气压下，冰在 0 ℃ 时熔解，而由此形成的水在 100 ℃ 时沸腾。

在很低的压强下（例如稍微低于 5 mm 水银柱）给冰加热，情况就不一样了。这时，表示加热过程的线（图 4.11 中下面那条虚线）低于三相点。熔解曲线不与这条线相交。若在这样低的压强下加热，冰就直接转变为水蒸气。

图 4.12 所示的曲线图表明，若对图上用叉号（×）标出的水蒸气进行压缩，会发生一种非常有趣的现象：水蒸气先转变为冰，而然后才熔解成水。图中的曲线还可以说明：在什么压强下，晶体开始生长；什么时候熔解。

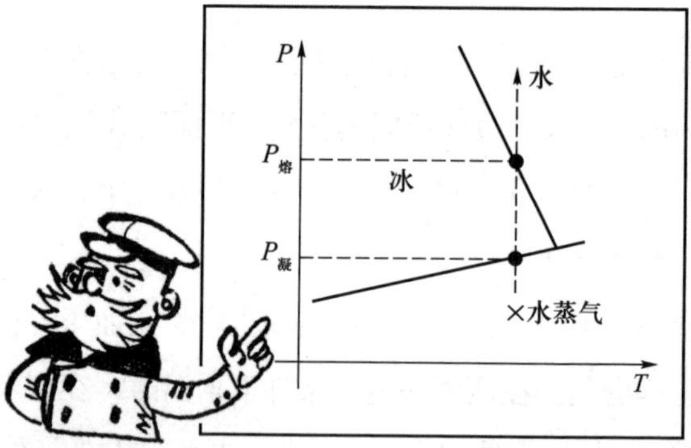

图 4.12

所有物质的状态图彼此都很相似。以通常的观点来看，较大的区别是图上三相点的位置。对于不同的物质，三相点的位置是不同的。

要知道，我们生存在接近“标准条件”的情况下，即压强在 1 个标准大气压左右。物质的三相点在标准大气压下是在什么位置，对我们来说是很重要的。

如果三相点的压强小于大气压强，则对于生活在“标准条件”下的我们来说，物质是可熔解的。当温度升高时，它先转变为液体，而后沸腾。

在相反的情况下，如果三相点的压强大于大气压强，则当给物质加热时，我们看不到液态。固态物质将直接转变为它的蒸气。“干冰”就表现出这样的特性，这对于卖冰棍的售货员来说是很方便的。可以把“干冰”块放在冰棍或冰淇淋上面，这样，就不必担心它们会化冻。“干冰”是固态的二氧化碳 CO_2。这种物质三相点的压强是 73 个大气压。因此，对固态的 CO_2 加热时，描述它状态的点沿着一条平行于横坐标轴的直线移动，这条直线只与固体的蒸发曲线相交（就像图 4.11 中压强约为 5 mm 水银柱的那条平行于横坐标轴的虚线）。

我们已经讲过，应当如何定义开尔文温标的 1 度，或者说，定义国际单位制的 1 K。然而，当时所谈的是定义温度的原理。不是所有的度量衡研究所都拥有理想气体温度计。因此，温标是利用物质不同状态之间由自然界确定的平衡点来作出的。

水的三相点在定义温标刻度中起着特殊的作用。现在把水的三相点热力学温度定义为开尔文温标的 273.16 K。氧的三相点取作 54.361 K。金的凝结温度等于 1 337.58 K。利用这些基准点，可以给任何温度计精确地分度。

4.13 同样的原子，但，不同的晶体

可以用来制作铅笔写字无光泽柔软的黑色石墨，和十分透明切割玻璃用的坚硬金刚石，是由同样的碳原子所构成的。为什么成分相同的这两种物质的性质如此不同呢?

让我们回忆一下层状的石墨点阵结构和金刚石的点阵结构。石墨的每个原子拥有三个最近的邻居，而金刚石的原子拥有四个最近的邻居。从这个例子可以很清楚地看出，晶体的性质是怎样由原子的相互排列所决定的。耐火坩埚是用石墨做的，它可以耐得住二三千摄氏度的高温，而金刚石在温度高于 700 ℃ 时就燃烧起来了；金刚石的相对密度等于 3.5，石墨的相对密度等于 2.3；石墨可以导电，而金刚石不能导电，等等。

不仅碳具有形成不同晶体的能力。几乎每种化学元素；不仅元素，而且任何化学物质，都可能存在一些不同的品种。大家知道，冰有六个品种，硫有九个品种，铁有

四个品种。

在讨论状态图时我们没有谈到晶体的不同类型，而是把固态作为一种统一的状态。对于很多物质来说，状态图上的固态部分又可以分为几个区，每一区对应于一定“品种”的固体；或像通常所说的，每一区对应于一定的固相（一定的晶体类型）。

晶体的每一个相都具有自己的稳定状态区，并对应于一定的压强范围和温度范围。晶体的各个相之间可以互相转化，就像物质的固态、液态、气态之间可以相互转化一样。

对于每一个压强，都可以找到一个温度，在这个温度下，晶体的两种类型可以同时存在。如果升高温度，则一种类型的晶体将转变为另一种类型的晶体。如果降低温度，则发生相反的转变。

为了在标准大气压下使红色的硫转变为黄色的硫，需要使温度低于 110 ℃。高于这个温度（直到熔点温度）时，红色硫所固有的原子排列顺序是稳定的。温度降低使原子的振动减弱。从 110 ℃ 开始大自然找到了更为合适的原子排列顺序，于是就发生了从晶体的一种类型到另一种类型的转变。

人们并没有为六种不同的冰命名。于是就说，冰一，冰二，……，冰七。总共只有六个品种，怎么有冰七呢？问题在于：在重复的实验中冰四并不重复出现。

如果在温度约为 0 ℃ 时压缩水，当压强约为 2 000 个大气压时，形成冰五。而当压强约为 6 000 个大气压时，形成冰六。

冰二和冰三在温度低于 0 ℃ 时是稳定的。

冰七是热冰；它是把热水加压到大约 20 000 个大气压时形成的。

除了一般的冰以外，上述所有的冰都比水重。在正常条件下得到的冰，具有反常的性质；相反，在不同于正常条件下得到的冰，却具有正常的特性。

我们说，每一晶体品种都具有自己一定的存在区域。然而，如果是这样，那么在同样的条件下，石墨和金刚石又怎么能都存在呢？

在晶体世界中，这种“违法”现象是常有的。对于晶体来说，生活在“别人的”条件下几乎是常规的。如果说，要把蒸气或液体迁移到“别人的”存在区域必须采取各种巧妙的方法；那么，晶体则相反，几乎任何时候都不能迫使晶体局限于大自然所赋予它的范围内。

晶体能够经受过热和过冷，这是因为在最密集的条件下，从一种排列到另一种排列的转变是困难的。黄色的硫应当在 95.5 ℃ 时转变为红色的硫。当较快地加热时，我们将“跳过”这个转变点，并使硫的熔点达到 113 ℃。

当小晶体彼此接触时，最容易找出真正的转变温度。如果把小晶体一个紧挨一个地堆放，并保持温度为 96 ℃，则黄色的硫转变为红色的硫；而在 95 ℃ 时，黄色的硫将取代红色的硫。与“晶体 - 液体”的过渡不同，无论是过热还是过冷，都会延缓“晶体 - 晶体”的转变。

在某些情况下我们要与物质的这种状态打交道，而这种状态完全应该生存在另外的温度之下。

当温度降低到 13 ℃ 时，白锡应当转变为灰锡。我们经常使用白锡，但是我们知道，白锡在冬季不会发生任何变化，它能很好地耐住过冷 20 ~ 30 ℃。然而，在严冬的条件下，白锡就会转变为灰锡。不知道这个事实，是使一支苏格兰人的南极考察队（1912 年）遭到毁灭的原因之一。考察队使用的液体燃料放在用锡焊的容器中，当很冷的时候，白锡转变为灰锡粉末——容器开焊了，燃料漏光了。难怪人们把白锡上出现的白斑叫做锡瘟。

跟硫的情况一样，只要有很小一点点灰锡落在锡制物体上，则当温度稍微低于 13 ℃ 时，白锡就可以转变为灰锡。

同一物质有几个不同的品种存在，并且有可能阻止它们相互转变，这两个事实对于工程技术来说具有很大的意义。

在室温情况下，铁的原子形成体心立方点阵，其原子位于立方体的顶点和中心，每个原子具有 8 个邻居。在高温情况下，铁的原子形成比较密集的“结构”——每个原子具有 12 个邻居。具有 8 个邻居的铁较软，具有 12 个邻居的铁较硬。事实表明，在室温情况下，可以得到第二种类型的铁。为此需要使用淬火的方法。淬火在冶金工业中已获得了广泛的应用。

淬火过程是非常简单的——把金属物体烧到发红的程度，然后很快扔到水中或油中。冷却进行得如此之快，使得它在高温时候呈稳定的结构来不及转变。这样，原来的高温结构将无限期地存在于不是它自己固有的低温条件中：变回到低温时稳定结构（软铁结构）的过程非常非常之慢，实际上是感觉不出来的。

谈到铁的淬火时，我们说得不十分准确。人们给钢淬火，是给只含有百分之几碳的铁淬火。非常少的碳杂质的存在，会阻止硬铁变软铁，因而才有可能进行淬火。完全纯的铁是不能淬火的——即使是用最快的速度使纯铁冷却，它的内部结构也来得及转变。

对于具有不同状态图的各种物质，适当地改变压强或温度，可以达到使它们发生转变的目的。

采用只改变一个量——压强的方法就可以观察到从晶体到晶体的许多转变。用这种方法可以得到黑色的磷。

只有同时使用高温和高压的手段，才可以使石墨转变为金刚石。碳的状态图如图 4.13 所示。当压强低于几万个大气压、温度低于 4 000 K 时，石墨是稳定的。由此可见，我们通常所见到的金刚石是生存在“别人的”条件中；因此，要把它转变为石墨没有特殊困难。然而，实际上人们关心的是相反的任务——使石墨转变为金刚石。只增大压强不可能实现石墨向金刚石的转变。看来，在高压下使固态的石墨转变为金刚石的相变过程进行得极其缓慢。状态图提示了正确解决的措施：增大压强，同时加热。这

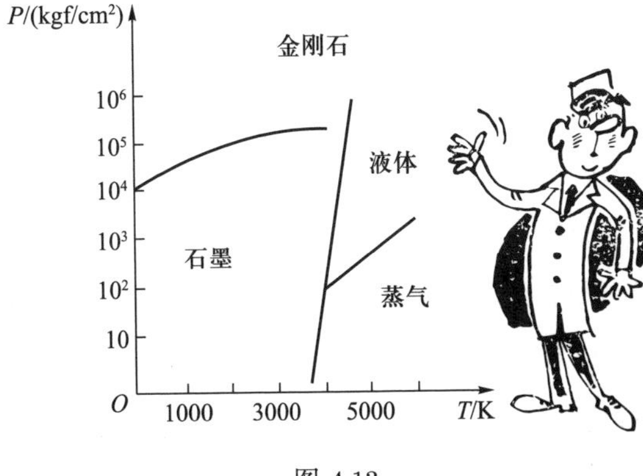

图 4.13

时，我们得到熔解的碳（图 4.13 的右上角）。再使它在高压的情况下降温，我们就能获得金刚石。

使石墨转变为金刚石的实际可能性在 1955 年得到了证实。现在，这个问题在技术上也已经解决了。

4.14 奇怪的液体

如果降低物体的温度，则迟早它要变硬，从而得到晶体的结构。在任何压强下降温，都会得到这样的结果。从我们已经熟知的物理定律的观点来看，这种情况是很自然的，也是可以理解的。实际上，降低温度，就是减小了热运动的强度。当分子运动减弱到已不再能破坏分子间的相互作用力时，分子就排列得很有秩序——形成晶体。若再进一步冷却，就要夺走分子运动的一切能量；当达到绝对零度时，物质的分子应当静止地排列在点阵上。

实验表明：一切物质都是这样，只有一种物质是例外——这就是氦。

关于氦的知识，我们已经给读者介绍过一些。氦的临界温度是绝无仅有的。无论哪一种物质，也没有低于 4.3 K 的临界温度。然而，这个纪录本身并不奇怪。令人吃惊的是：把氦冷却到临界温度以下，实际上几乎达到了绝对零度，我们没有得到固态氦。即使在绝对零度时，氦仍然是液体。

氦的行为，用我们叙述过的运动规律是完全不能解释的。原来以为这些规律是普适的，这时显出它们也有局限性。

如果物体是液体，则它的原子应该运动。然而要知道，使物体冷却到绝对零度时，我们从物体中取出了所有的能量。既然在绝对零度时氦仍处于液态，那就必须承认，氦还具有不可能被剥夺的动能。这个结论与直到现在我们所讲过的力学是不相容的。根据我们学过的力学知识，对于任何运动物体，总可以使它失去全部动能而完全静止下来。同样，可以利用分子与被冷却的容壁相碰撞的机会，消耗它们的能量，使分子的运动停止。但是，对于氦来说，这样的力学理论显然不适用。

氦的这个“古怪”行为指出了一个非常重要的事实。我们在这里是初次遇到这样的情况：在原子世界中，不能应用研究宏观物体运动而建立起来的力学基本规律——而在这以前，人们曾以为这些力学规律是物理学的不可动摇的基础。

在绝对零度时氦“拒绝”结晶这个事实，用我们至今所讲过的力学理论是无论如何也解释不通的。

我们初次遇到的这个矛盾——原子世界不服从力学规律——只是物理学中一系列更加尖锐和激烈矛盾中的第一个。

这些矛盾导致了必须修改原子世界的力学基础。这个修改非常深刻，它使我们对整个宇宙的看法发生了变化。

必须从根本上修改原子世界的力学，但这并不意味着对以前讲过的力学规律的否定。我们不应当对读者讲授不需要的东西。经典的力学在宏观世界中是完全正确的。仅仅这一点就足以使我们对物理学的相应篇章深感信服。此外，另一个重要事实是，经典力学的许多规律没有改变地适用于“新的”力学。例如，能量守恒定律就是这样。

在绝对零度时存在有“剥夺不了的”能量，这并不是氦的特殊性。原来，所有物质都具有“零”能量。

只是，氦的这个“零”能量足以阻碍原子形成规则的晶体点阵。

不应该认为氦不可能处于晶体状态。为了使氦结晶，只需要使压强增大到大约 25 个大气压。在高于这个压强下冷却，可以形成固态的晶体氦，它具有完全一般的性质。氦形成面心立方点阵。

氦的状态图如图 4.14 所示。与所有其他物质的状态图不同，氦的状态图上没有三相点。熔解曲线和沸腾曲线不相交。

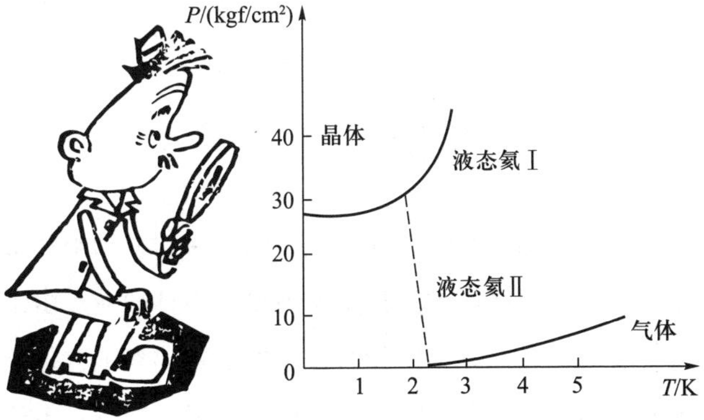

图 4.14

第五章 溶液

5.1 溶液是什么?

如果在汤里放些盐，并用匙子搅拌均匀，则不会留有盐的痕迹。不应该认为这只是用肉眼看不见盐粒。由于食盐已被溶解，所以无论用什么方法也不能观察到食盐的小晶体了。如果在汤里放一些辣椒粉，则因为辣椒粉不能溶解，即使把汤搅拌一天，辣椒粉的小粒也不会消失。

然而，“物质被溶解了”这意味着什么呢？难道构成物质的原子或分子能够不翼而飞？当然不能，它们并没有失踪。在溶解的时候，消失的只是物质的小颗粒、小晶体、物质的聚集块。所谓溶解就是说物质的微粒相互掺混到了这样的程度，使一种物质的分子分布在另一种物质的分子之间。溶液是不同物质的分子或原子的混合物。

溶液可以包含不同数量的溶质。溶液的成分可用它的浓度（例如，溶质的质量跟溶液体积的比值）来表示。

溶液的浓度随着溶质的增多而增大，但不能无限地增大。当溶质不断地增多时，溶液迟早要达到饱和，因而不再“接收”溶质。饱和溶液的浓度，即溶液的“极限”浓度，叫做溶解度。

热水中能够溶解的糖的数量多得惊人。在温度为 80 ℃时，一满杯水可以溶解 720 g 的糖（杯底不留未溶解完的糖）。这种饱和溶液是很稠的，并且是很黏的，炊事员把它叫做糖浆。上面所给出的糖的数量是对于容量为 0.2 L 的玻璃杯而说的。这就是说，在 80 ℃时，水中糖的浓度等于 3 600 g/L。

一些物质的溶解度与温度有密切的关系。在室温（20 ℃）时，糖在水中的溶解度降低到 2 000 g/L。相反，温度的变化对盐的溶解度影响极小。

糖和盐是易溶于水的。而萘在水中实际上是不溶解的。不同的物质在不同的溶剂中溶解的情况也完全不同。

人们常利用溶液来培育单晶。如果在饱和溶液中放入一点溶质的小晶体，则随着溶剂的蒸发，溶质就在这个小晶体的表面上不断生长。此时，分子将按照严格的规律排列，最后，小晶体变大，但仍然是单晶体。

5.2 液体的溶液和气体的溶液

液体能在液体中溶解吗？不言而喻，是可能的。例如，伏特加酒就是酒精的水溶液（或者，如果愿意的话，也可以说是水的酒精溶液——这主要看哪一个多）。伏特加酒是真正的溶液，其中水的分子和酒精分子十分均匀地掺和着。然而，当两种液体混合时，并不是总能得到这种结果。

请试一试把煤油倒在水中。无论怎样搅拌也不能得到均匀的溶液；这就像把辣椒粉倒入汤中一样，是不可能获得辣椒粉溶液的。刚刚停止搅拌，两种液体就分为两层：较重的水在下边，较轻的煤油在上边。含水的煤油和含水的酒精，从可溶性的观点来看，是完全对立的两个系统。

然而，也有中间的情况。如果把乙醚与水掺和在一起，则我们清晰地看到容器中有两层液体。乍一想，可能以为上面的是乙醚，而下面的是水。实际上，下层和上层都是溶液：下层是其中溶解了一部分乙醚的水（每升水中有 25 g 乙醚），而上层是含有一定数量水（60 g/L）的乙醚。

现在我们讨论气体的溶解问题。很明显，所有的气体都可以不限数量地彼此相互溶解。两种气体总是这样混合：一种气体的分子钻入另一种气体分子中间。要知道气体分子彼此间的相互作用是很微弱的。在某种意义上来说，在有另一种气体存在的情况下，每一种气体的行为与是否有另一种气体存在没有关系。

气体也可以被溶解在液体中。然而，液体中不能溶解任意数量（而是有限数量）的气体。从这一点上来说，是与固体在液体中的溶解问题相同的。此时，不同气体的溶解情况是不同的，而且其差别可以是很大的。在水中可以溶解大量的氨气（每半杯冷水可溶解 100 g 氨气），大量的硫化氢和二氧化碳气体。水中溶解氧气和氮气的数量是很微小的（每升冷水中分别为 0.07 g 和 0.03 g）。由此可见，在每升冷水中大约总共只有百分之几克的空气。然而，这个微小的数量对地球上的生命却起着巨大的作用。要知道，鱼就是靠呼吸溶解在水中的空气（氧气）来生存的。

气体的压强越大，它溶解于液体中的数量也就越大。如果被溶解的气体的数量不很大，则溶解的数量与液体表面上方的气体压强具有正比例关系。

人们都知道喝汽水解渴，正是由于被溶解的气体数量与压强有关，所以才有可能制成汽水。二氧化碳气体（每一个出售汽水的售货亭都备有这种气罐）被压进水中。把汽水倒在杯里时，压强降到大气压，多余的气以小气泡的形式被放出去。

考虑到这种效应，必须注意，不允许把潜水员很快地从水中拉上来。在海水深处很大压强的作用下，潜水员的血液中溶解了超过正常数量的空气。当上升时压强降低，空气开始以气泡的形式被放出，这可能堵塞血管。

5.3 固溶体

“溶液”这个词，一般是指的液体。然而，存在固态的混合物，其原子或分子均匀地掺混着。这种固态溶液叫做固溶体。可是，怎样获得固溶体呢？利用杵和臼是不可能得到固溶体的。因此，必须先把被掺和的物质变为液体，即把物质熔化，然后将几种液体混合，并使混合物凝固。也可以这样做：先把我们希望掺和的两种物质都溶解在某一种液体中，然后再把溶剂蒸干。用这些方法可能得到固溶体。注意，我们只是说“可能得到”，但一般是得不到的。固溶体是罕见的。如果在盐水中放一块砂糖，则糖能很好地被溶解。然而，如果我们让水蒸发掉，则在容器的底上就会出现盐和糖的小晶体。糖和盐并不形成固溶体。

可以在同一个坩埚里熔化铋和镉。冷却之后，我们用显微镜可以看到镉和铋的小晶体的混合物。铋和镉也不能形成固溶体。

被混合物质的分子或原子的形状和大小接近是产生固溶体的必要条件，虽然还不是充分条件。在这种情况下，当混合物凝固时就形成一种新的晶体。在原来每种晶体点阵的结点上，无规律地分布着不同种类的原子（分子）。

具有很大工业价值的合金，往往是固溶体。在金属中溶解少量杂质，可以大大改变金属的性质。工业上最广泛使用的一种金属——钢，就是一个明显的例证。钢是铁中含有微量碳的固溶体，碳的质量约占 0.5%（每 40 个铁原子中有 1 个碳原子）。碳原子无规律地侵入铁原子晶格的间隙而形成钢。

在铁中只溶解有少量的碳原子。但是，某些固溶体的形成是以任何比例把物质混合而产生的。金铜合金就是一例。金和铜的晶体具有同一类型的点阵——面心立方点阵。铜和金的合金也具有这样的点阵。如果我们设想能把金的原子逐渐从点阵中取走，而用铜的原子来代替它，则可以得到含铜成分越来越大的合金结构。此时，取代是无规律地进行的，铜的原子一般是随机地分布在点阵的结点上。铜和金的合金可以叫做置换固溶体，而钢是另一种类型的固溶体——间隙固溶体。

在绝大多数的情况下，不可能产生固溶体。正如以上所述，在凝固以后，我们用显微镜看到的是两种物质的小晶体混合物，而看不到某种固溶体的小晶体。

5.4 溶液怎样凝固?

如果使随便哪一种盐的水溶液冷却，则可以发现凝固的温度降低了。温度已经低于 0 ℃，但仍不发生凝固。只有在零度以下某一温度时，才开始在液体中出现晶体。这是纯冰的晶体，盐并不溶解在固体冰中。

凝固温度与溶液的浓度有关。增大溶液的浓度时，凝固的温度就下降。饱和溶液具有最低的凝固温度。溶液的凝固温度可以降低很多。例如，饱和的食盐水溶液在 −21 ℃ 时凝固。利用其他的盐，可以更大幅度地降低凝固温度。例如，氯化钙可使溶液的凝固温度降低到 −55 ℃。

现在让我们来分析一下凝固过程是怎样进行的。当从溶液中析出最初的一些冰晶以后，溶液的浓度增大。这时，溶质分子的相对数目增大了，水结晶过程所遇到的障碍也增大了，从而使凝固温度降低。如果不进一步降低温度，则结晶过程中止。

进一步降低温度，水（溶剂）的晶体就不断地被析出。最后，溶液变为饱和溶液。这时，进一步增大溶液中溶质的比例已经不可能了，因而溶液立即凝固，用显微镜来观察凝固物，则可以看到它是由冰的晶体和盐的晶体所组成的。

由此可见，溶液的凝固不像纯液体的凝固。凝固过程要在相当大的温度范围内延续。

如果在任何一个结冰的表面上撒一点盐，结果会怎样呢？打扫院子的人都知道这个问题的答案——盐刚刚与冰接触，冰就开始融化。为了发生这个现象，当然必须使饱和溶液的凝固温度低于空气的温度。如果满足了这个条件，则冰盐混合物是处于别人的状态区域，即处于溶液的稳定存在区域。因此，冰和盐的混合物将转变为溶液，即冰将融化，而盐将溶解在所形成的水中。最后的结果是，或者整块冰全部融化，或者形成具有这样浓度的溶液，它的凝固温度等于周围环境的温度。

100 m^2 面积的院子，覆盖一层厚 1 cm 的冰，这已经是很多冰了，质量大约为 1 t。请计算一下，如果温度为 −3 ℃，则为了清扫院子需要多少盐？浓度为 45 g/L 的盐溶液，正好具有这样的结晶温度（熔化温度）。1 L 水大致相当于 1 kg 的冰。就是说，为了在 −3 ℃ 时熔化 1 t 的冰，需要 45 kg 的盐。实际上需要的盐要远远小于这个数量，因为不需要使所有的冰都完全熔化。

当冰与盐混合时，冰熔化，而盐溶于水中。但是，熔解需要热量。所以冰要从它自己的周围吸取热量。由此可见，把盐撒在冰上会导致气温的降低。

现在我们已经习惯于买冰淇淋吃。可是从前，人们往往在家里自制冰淇淋，这时就是用冰和盐的混合物代替电冰箱。

5.5 溶液的沸腾

溶液的沸腾现象与凝固现象有很多共同的地方。

溶质的存在给结晶带来困难。由于同样的原因，溶质也给沸腾带来困难。在这两种情况下，溶质的分子好像是竭力为维持原状而努力；换句话说，溶质的分子使溶剂物质的状态稳定。

因此，溶质分子会妨碍液体结晶，也就是说，会降低结晶的温度。同样，溶质分子也妨碍液体的沸腾，也就是说，会提高它的沸腾温度。

有趣的是，对于不很浓的溶液来说，在达到已知的浓度限度之前，无论溶液结晶温度的降低，还是沸腾温度的升高，都与溶质的性质毫无关系，而只决定于溶质分子的数量。这个有趣的情况，被用来测定溶质的分子质量。利用表示凝固温度或沸腾温度的变化与单位体积溶液中溶质分子数量关系的著名公式（这个著名公式中还包含熔解热或汽化热，但这个公式的推导超出了本书的范围），可以导出这个结论。

水的沸腾温度升高的数值，小于水的凝固温度降低数值的三分之一。例如，含有约 3.5% 盐的海水，其沸点为 100.6 ℃，其凝固温度降低 2 ℃。

如果一种液体的沸点比另一种液体的高，则（在这个温度下）前者的蒸气压比后者的蒸气压小。这就是说，溶液的蒸气压小于纯溶剂的蒸气压。

下列数据可以说明这个差别：在 20 ℃ 时水的蒸气压等于 17.5 mm 水银柱；在同样温度下，食盐饱和水溶液的蒸气压只有 13.2 mm 水银柱。

对于水来说，蒸气压为 15 mm 水银柱的蒸气是未饱和气；可是，对于饱和的食盐溶液来说，这却是过饱和气。存在这种溶液时，蒸气开始凝结，并转变为溶液。不言而喻，不仅盐溶液，而且盐粒，都要吸收空气中的水蒸气。要知道，落在盐上的第一个小水滴，要把盐溶解，从而产生饱和溶液。

食盐吸收空气中的水蒸气，使得盐变潮湿。家庭主妇都知道这个事实，并为此而苦恼。然而，溶液上方蒸气压降低这个现象也有好处：用来使实验室中的空气干燥。让空气通过氯化钙，是吸收空气中水分的最好措施。如果饱和食盐溶液的蒸气压等于 13.2 mm 水银柱，则氯化钙溶液的蒸气压等于 5.6 mm 水银柱。当水蒸气通过足够数量的氯化钙（1 kg 氯化钙“吸”水约 1 kg）时，水蒸气压降低到这个数值。这是很低的湿度，因而可以认为空气是干燥的。

5.6 怎样清除液体中的杂质

蒸馏是清除液体中杂质的重要方法之一。让液体沸腾，并使其蒸气通向冷凝器。冷却时蒸气转化为液体，但这是比原来更纯净的液体。

利用蒸馏的方法，很容易清除溶解在液体中的固体物质。在蒸气中实际上没有这些物质的分子。人们用这种方法得到的蒸馏水，是完全无味、排除矿物杂质的纯净的水。

利用蒸发，还可以消除液体杂质，利用组成混合物液体的不同沸点，可以分离由两种或更多种液体组成的混合物。

现在让我们分析两种液体的混合物，例如按相等比例掺和的水和酒精（50 度的伏特加酒），在沸腾时的行为。

在标准大气压下，水在 100 ℃ 时沸腾，酒精在 78 ℃

时沸腾。上面谈到的 50 度的伏特加酒在这两个温度之间的某一温度，即 81.2 ℃ 时沸腾。酒精较容易沸腾，因此，它的蒸气压较大。第一份蒸气将包含 80% 的酒精。

把所得到的第一份蒸气引导到冷凝器中，从而可以得到酒精成分大的液体。接着，可以重复这个过程。然而很明显，实际上不会使用这种方法。因为每进行一次蒸馏所得到的物质将越来越少。为了避免这种损失，人们采用所谓的精馏塔来进行净化。

这个有趣设备的构造原理如下。设有一个竖直的、圆柱形的塔，在它的下部装有液体混合物。给塔的下端加热，并在上端冷却。沸腾时所形成的蒸气向上升，然后凝结；形成的液体向下流。如果连续不断地从下端加热，并在上端进行冷却，则在封闭塔内就形成向上升的蒸气和向下流液体的对流。

让我们注意观察精馏塔中任意一个水平横截面。液体通过这个截面向下，而蒸气通过这个截面向上，液体混合物中的任何一种物质都不停留在这个截面上。如果塔中满装着酒精和水，则向下和向上的酒精数量跟向下和向上的水的数量一样，是相等的。因为液体向下，而蒸气向上，所以这就是说，在塔中任意高度上，液体的成分和蒸气的成分是相同的。

相反，正如刚刚解释过的，为使两种物质的混合物液体和蒸气平衡，要求液相和气相有不同的成分。因此，在精馏塔的任意高度上都在进行从液体到蒸气和从蒸气到液体的相转变。此时，混合物中高沸点的物质凝结，而低沸点的物质从液态转变为蒸气。

因此，上升的蒸气流随着高度的增大要吸收低沸点的物质，向下流动的液流将不断地吸收高沸点的物质。在每一高度上混合物的成分是不同的：越高，低沸点物质的比例越大。在理想情况下，最高层是纯低沸点物质，最低层是纯高沸点物质。

为了不破坏所描绘的理想情况，需要尽可能慢地把物质分离开来：低沸点的在上，高沸点的在下。

为了实际上能够实现分离或精馏，应当创造条件让相向流动的蒸气流和液体流尽可能地相互混合。为此，利用一层接一层排列、由小管道连通的塔板，来延长液流和气流的接触时间。液体可以从装得满满的塔板流向低层。向上快速流动（$0.3 \sim 1\mathrm{m/s}$）的蒸气可以穿过薄薄的液体层。精馏塔的示意图如图 5.1 所示。

要使液体彻底地净化，是不一定办得到的。有些混合物具有“讨厌的”性质：当混合物中有一定成分的某物质时，被蒸发分子中该物质成分所占的比例，跟液体混合物

图 5.1

中成分的比例关系是一样的。不言而喻，在这种情况下，用上述的方法再进一步进行净化是不可能的。例如，若混合物包含有 96% 的酒精和 4% 的水，则其蒸气也具有同样的成分。因此，用蒸馏的方法不可能得到更纯的酒精。

液体的精馏（或蒸馏）是化学工业中最重要的工艺过程之一。例如，用精馏的方法可以从石油中得到汽油。

有趣的是，精馏是获得氧气最便宜的方法，不言而喻，为了用这种方法获得氧气，应当事先使空气转变为液态；然后，再用精馏的方法把它分为几乎纯的氮和氧。

5.7 固体的净化

在盛有化学物质的瓶上，通常在看到化学名称的同时，还可以看到“纯”“分析纯”或“光谱纯”等字样。这些字表明了物质的纯净程度：“纯”表示纯净的程度不太大——在物质中允许有约 1% 的杂质；“分析纯”——包含的杂质不超过千分之几；“光谱纯”物质是不容易得到的。“光谱纯”的物质不能有超过万分之一的杂质。根据标有“光谱纯”字样的标志可以确信物质的纯度至少达到“四个九”，即所含有的主要物质至少占 99.99%。

对固体物质纯度的要求是非常高的。对于很多物理性质来说，百万分之一的杂质都是有害的。在近代工业的一个非常有价值的领域，即制造半导体材料的领域中，技术上要求达到七个九的纯度。这就是说，在一千万个原子中只要有一个不需要的原子，就妨碍了技术课题的解决！为了得到这种超纯度的材料，必须采用专门的方法。

利用从熔融的固体中缓慢地拉出晶体的方法，可以得到超纯度的锗和硅（这些都是半导体的主要材料）。用一根末端有晶体籽晶的细棒轻轻地接触熔融硅（或锗）的表面，然后，把细棒缓慢地向上提起，就能获得一根晶体小棒。这样从熔融的晶体拉出来的晶体棒是由主要物质的原子形成的，杂质的原子仍留在熔融的晶体中。

所谓分段熔化的方法获得了广泛的应用。用纯净的元素做成直径为几个毫米的任意长度的细棒。用空心圆柱形小炉子套住细棒并沿着细棒移动。使炉温达到细棒熔化的温度。于是，处于炉子内部的一段金属就处于熔融状态。结果，可以使一小段被熔金属沿着细棒移动。

一般说来，使杂质原子溶解在液体中，比溶解在固体中，要容易得多。因此，在细棒熔化段的边界处，杂质原子从固态区域移到熔化段，而相反的过程不会发生。当炉子向一个方向移动时，移动的熔化段随着熔化把杂质的原子吸走。当向相反方向移动时，要使炉子灭火。这种使金属细棒熔化段移动的动作要重复很多次。足够次数的往返以后，只需锯下细棒上含杂质的一端，就能得到纯净的晶体小棒。就这样，在真空中或在惰性气体中，就可以得到超纯度的材料。

在杂质原子很多的情况下，应当用其他的方法来进行净化。只有在对材料进行最后的净化时，才采用分段熔化拉单晶的方法。

5.8 吸附

气体很少溶解在固体中，即很少钻进晶体的内部。可是，固体还有另外一种吸收气体的方法。气体分子可以积存在固体的表面上，这种特殊的黏附作用叫做吸附①。总之，当分子不能钻进物体的内部，但能攀住固体的表面时，才发生吸附作用。

吸附——意味着被表面吸收。然而，这种现象能够起多大的作用呢？要知道，即使是附在很大一块物体上的（一个分子厚的）一层气体，其质量也是微乎其微的。

让我们来计算一下。一个小分子的横截面积约为 $10\ \text{Å}^2$，即 $10^{-15}\ \text{cm}^2$。这就是说，在 $1\ \text{cm}^2$ 的面积上可以容纳约 10^{15} 个分子。这么多水分子的质量约为 3×10^{-8} g。甚至在 $1\ \text{m}^2$ 面积上所容纳的水分子质量也只有 0.000 3 g。

在数百平方米的表面上可以吸附相当数量的气体。例如，$100\ \text{m}^2$ 面积上可以吸附的水蒸气质量是 0.03 g（10^{21} 个分子）。

在实验室中，我们可能遇到这样大的表面吗？可能！

---

① 不应该把吸附与吸收混淆起来，后者只表示简单的吸收作用。

放在一茶匙里的非常小的物体，有时可以具有几百平方米的表面积。

边长为 1 cm 的正方块，具有 6 cm^2 的表面积。若把这个立方块分成边长为 0.5 cm 的 8 个相等小立方块，小立方块的每一个晶面具有 0.25 cm^2 的表面积。8 个小立方块总共有 $6 \times 8 = 48$ 个晶面，它们的总面积等于 12 cm^2。面积增大了 1 倍。

总之，无论怎样把物体分割，都将使它的表面积增大。现在，我们把边长为 1 cm 的正方体分成大小为 1 μm（$1\ \mu m = 10^{-4}$ cm）的许多小粒，这就是说，把 1 个大块分成为 10^{12} 个小粒。每一个小粒（为简单起见，设小粒为正立方体）具有 6 μm^2（即 $6 \times 10^{-8}\ cm^2$）的面积。10^{12} 个小粒的总面积等于 $6 \times 10^4\ cm^2$，即 6 m^2。而分割到微米还不是极限。

非常清楚，此面积（即 1 g 物质的表面积）可能是一个很大的数字。这个数字随着被分割物质尺寸的缩小而增大——原来，小粒面积的减小与其尺寸的平方成正比，而单位体积内粒子数的增大与其尺寸的立方成正比。盛在杯底的 1 g 水具有的表面积为几个平方厘米；同样的 1 g 水若以小雨滴的形式出现，其表面积可以有几十个平方厘米；而 1 g 雾滴的总表面积可以达到几百平方米！

如果把炭捣碎（越小越好），则炭可以吸附氨气、二氧化碳以及很多种有毒的气体。炭的这种性质可应用于防毒面具里。炭特别容易捣得粉碎，其粉粒的线性大小可以达到几十个埃。因此，1 g 特制的炭粉可以具有几百个平方米的表面积。装有活性炭粉的防毒面具可以吸收几十升气体。

吸附作用被广泛地应用于化学工业中。当各种气体的分子被吸附在物体表面上时，它们紧密地挤在一起，因而很容易参与化学反应。

为了使化学过程加速进行，常常利用很细很细的炭粉、镍粉、铜粉和其他金属的粉末。

能够加速化学反应的物质叫做催化剂。

5.9 渗透

动物组织中间有一种特殊的薄膜，它具有允许水分子通过，而不允许溶解在水中的物质分子通过的能力。

这些薄膜的性质是由叫做“渗透”的物理现象所造成的。

设想，这种半可透性的隔膜把一支 U 形管分成两部分。把溶液注入其中一个侧管中，把水（或其他溶剂）注入到另一侧管中（假设此溶液与水具有相同的密度）。令人感到惊奇的是：当两个侧管中的液面相同的时候，液体不能平衡。经过很短的时间，液体就稳定在不同的高度。此时，盛有溶液的侧管液面上升。半可透性的隔膜把水与溶液隔开，而水力图稀释溶液。这个现象叫做渗透，两液面的高度差所产生的压强叫做渗透压。

产生渗透压的原因是什么呢？在容器的右侧管（图5.2）中，压强只是由水产生的。在左侧管中，总压强是水的压强和溶质压强的总和。然而，半可透性隔膜只对水是敞通的。在有半可透性隔膜的情况下，建立平衡不是在右

图 5.2

边的压强等于左边的总压强的时候，而是当纯水的压强等于溶液中“水的”分压强时，所产生的压强差等于溶质的压强。

这个压强差就是渗透压。正如实验和计算所表明的，渗透压相当于同样数量的溶质气化后被压缩在同样的体积内时所表现出来的压强。因此，渗透压具有较大的数值是不足为奇的。1 L 水溶解 20 g 糖所产生的渗透压为 14 m 水柱。

现在我们来说明，渗透压与某些盐类的溶液能引起腹泻之间有什么关系。

对于溶液来说，肠壁是半可透的。如果盐不能通过肠壁（例如，硫酸钠就是这样），则在肠中就会产生渗透压，它从人体组织中把水分吸入肠中。

为什么喝很咸的盐水不解渴？原来，这也是渗透压在作怪。如果尿的渗透压大于机体组织中的压强，则肾脏不可能排尿。因此，喝了咸海水的人体，不仅不能把水供给身体组织，而且相反，还要夺取人体内的水分随尿一起排出体外。

第六章 分子力学

6.1 摩擦力

我们不是第一次谈论摩擦。诚然，讨论运动的时候，不提摩擦怎么能行呢？我们周围物体的任何运动几乎都有摩擦。汽车司机关闭马达后，汽车就渐渐地停下来；摆振动了很多次之后也要停下来；抛到葵花油桶里的金属小球，在其中缓慢地降落。是什么迫使沿地面运动的物体停下来？是什么原因使小球在油中的速度变慢？我们这样回答：是物体运动时所产生的摩擦力。

然而，摩擦力不仅是在运动时才会产生。

我们先谈固体之间的摩擦。也许，你曾在屋内移动过家具。你知道，要推动沉重的柜子使它移动位置是多么困难。跟这个推力相反方向的力，叫做静摩擦力。

当我们使物体滑动和使物体滚动时，都会产生摩擦力，这是两种不同的物理现象。因此，人们把滑动摩擦和滚动摩擦区别开来。滑动摩擦比滚动摩擦的摩擦力要大几十倍。

当然，在有些情况下产生滑动是非常容易的。雪橇很容易在雪上滑动，而冰刀在冰上更容易滑动。

摩擦力究竟跟哪些因素有关呢？

固体之间的摩擦力跟运动速度没有多大关系，而跟物体的重量成正比。如果物体的重量增大一倍，则移动它和拖动它时所费的力也要多一倍。这里我们表达得不十分精确。摩擦力不是取决于物体的重量而是取决于物体表面之间相互挤紧的力。如果放在上面的物体很轻，但我们用手紧紧地压住它，则这当然要影响摩擦力的大小。用 P 表示某个物体对另一个物体表面的压力（在多数情况下，这是重量），则摩擦力 $F_{摩}$ 可用一个很简单的公式表示：

$$F_{摩} = kP。$$

应当怎样考虑表面的性质呢？众所周知，同样的雪橇，在同一条滑轨上滑动时，情况可以完全不同，这要看滑轨有没有包上铁皮。比例系数 k 反映了这方面的一些性质。它叫做摩擦系数。

金属跟木头之间的摩擦系数等于 1/2。在木制的光滑桌面上滑动一个质量为 2 kg 的金属板，只需要 1 kgf。

而钢跟冰之间的摩擦系数只等于 0.027。只要 0.054 kgf，就可以使上述的金属板在冰上滑动。

大约在公元前 1650 年，埃及古墓里的壁画上就描绘了降低滑动摩擦系数的早期尝试。奴隶们常在搬运巨大雕像的爬犁（滑块）、滑铁下面浇一些油（图 6.1）。

摩擦力的公式没有包括表面积这一项：摩擦力与缓慢运动物体的接触面积无关。为了分别把 1 kg 的大面积钢片和只有很小接触面积的 1 kg 秤砣移动位置（或拖着作匀速运动），所需要的力是相同的。

关于滑动摩擦力还应指出一点，使静止的物体移动位置比拖着物体运动要困难一些：在启动时所克服的摩擦力（静摩擦力）比滑动摩擦力要大 20%~30%。

当物体（例如车轮）滚动时，关于摩擦力可以说些什么呢？像滑动摩擦那样，车轮对地面的压力越大，滚动摩擦力也越大。此外，滚动摩擦力跟车轮的半径成反比。这是很容易理解的：车轮越大，它沿之滚动的表面不平整度对车轮的相对影响也就小一些。

如果比较一下使物体滑动和滚动所必须克服的摩擦力的大小，则可以看到它们的差别是很大的。例如，为了把质量为 1 t 的钢锭在柏油马路上拉动，需要的力为 200 kgf，只有大力士才能拉得动；而推动放着这个钢锭的小车前进，所需要的力不大于 10 kgf，小孩子就能推得动。

不难理解，滚动摩擦“战胜了”滑动摩擦。难怪人们

图 6.1

在很早以前就利用车子运输。

用车轮代替滑轨还不是战胜滑动摩擦的彻底胜利。要知道，车轮必须安装在轴上，似乎轴和轴承间的摩擦是不可避免的。在几百年期间内人们都是这样想的，并且只是设法利用各种润滑油来减小轴承中的滑动摩擦。润滑油的功劳是不小的，它可以使滑动摩擦减少为原来的八分之一到十分之一。然而在很多情况下，即使有润滑油，滑动摩擦也还是很大的，人们为它所付出的代价也太大。在十九世纪末，这种情况严重地阻碍了技术的发展。于是就产生了一个出色的想法，即用滚动摩擦代替轴承中的滑动摩擦。

滚珠轴承实现了这种代替。在轴和轴套之间放一些滚珠。当车轮旋转时，滚珠就沿着轴套滚动起来，而轴沿着滚珠滚动。这种结构如图 6.2 所示。就这样，用滚动摩擦代替了滑动摩擦，摩擦力减小为原来的几十分之一。

滚动轴承在近代技术中发挥了难以估量的重大作用。可以把它们做成滚珠轴承，滚柱轴承，圆锥形滚柱轴承。这些轴承供给大大小小的各种机器使用。滚珠轴承的尺寸，小的只有 1 mm，而大机器使用的一些轴承质量可达几吨。轴承用的滚珠（当然，你们可能在专门商店的橱窗里看到过）有各种不同的直径——从十分之几毫米到几厘米。

图 6.2

6.2 液体和气体中的黏滞摩擦

到目前为止，我们说的都是“干”摩擦，即固体相互接触产生的摩擦。然而，游动的和飞行的物体，也要受到摩擦力的作用。在这种情况下，产生摩擦的起源不同了——“湿”摩擦代替了干摩擦。

在水或空气中运动的物体所受到的阻力，遵循着另外的规律，它不同于我们前面讲的干摩擦。

液体和气体在摩擦方面的规律是没有区别的。下面为了简化起见，我们只说“液体”，但所谈的也同样适用于气体。

“湿”摩擦与干摩擦的一个区别是没有静摩擦。一般说来，任何微小的力都能够使悬在水中或空气中的物体移动。至于运动物体所受到的摩擦力，它与运动速度、物体形状、大小以及液体（气体）的性质有关。对物体在液体和气体中的运动研究表明，对于“湿”摩擦来说有两个不同的规律：一个是当运动速度较小时所遵循的规律；而另一个是当运动速度较大时所遵循的规律。存在两个规律表明，由于在液体和气体中运动的物体速度大小不同，使得液体（气体）对于在其中运动的物体的环流不同。

当运动速度较小时，阻力 F 与运动的速度 v 和物体的线性尺寸 L 成正比：

$$F \sim vL。$$

如果没有说明物体是什么形状，又怎样理解阻力跟其大小成正比呢？可以这样来理解，对于两个形状完全相似的物体（这两个物体的所有尺寸都是成相同的比例），阻力之比等于物体的线性大小之比。

阻力的量值在很大程度上取决于液体的性质。

使相同的物体在不同的液体（气体）中以相同的速度运动，对物体所受的摩擦力进行比较，我们可以发现，液体越稠，或者像通常所说的，液体的黏性越大，则物体所受的阻力也越大。因此，常把这种摩擦叫做黏滞摩擦。空气产生的黏滞摩擦很小，大约是水的六十分之一。液体可以是“不稠的”，例如水，也可以是黏性很大的，例如酸奶油或蜂蜜。

根据固体在液体中降落的速度，或者根据液体从小孔流出的速度，可以判断液体黏性的大小。

漏斗里装着半升的水，只要几秒钟就流完了。要使黏性很大的液体从这样的漏斗里流出来，需要几个小时，有的甚至需要几天。可以举一些黏性更大的液体的例子。地质学家们曾注意到，一些火山的火山口，在有大量熔岩的内坡上，有许多球状的小块。乍一想不好解释，在火山口内部怎么能够由熔岩形成这样的小球呢？把熔岩看作固体，这当然是不好解释的。如果把熔岩看作液体，则它像其他任何液体一样，可以一滴一滴地从火山口流出。可是，形成一滴所需的时间不是几分之一秒，而是几十年。当熔岩滴变得很重时，它就掉下，“滴落”在火山口的底部。

从这个例子可以清楚地看到，不应当把真正的固体与我们已经知道的非晶形物体混为一谈。非晶形物体在很多方面更像液体，而不像固体。熔岩恰好就是这种非晶形的物体。它看起来是固态的，但事实上却是黏性很大的液体。

火漆是固体吗？取两个软木塞，把它们分别放在两个小碗的底部。在一个碗中倒入某种熔融的盐（例如，硝酸钾——这是很容易得到的），而在另一个小碗中倒入火漆。使两种液体凝固，并把软木塞埋在其中。把这两个碗放在柜子里，较长时间地“忘掉”它们。经过几个月，你将看到火漆和盐之间的区别。在注满了盐的碗内，软木塞仍然处于碗底。而在灌满了火漆的碗内，软木塞却被托起在火漆上面。这是怎么回事呢？很简单：软木塞被浮起，完全像它在水中被浮起一样。其不同之处只是时间：当黏滞摩擦力很小时，软木塞立刻被浮起来，在黏滞摩擦力很大的情况下，软木塞被浮起来需要几个月。

6.3 高速时的阻力

让我们再回到“湿”摩擦的规律上来。如前所述，在低速的情况下，阻力与液体的黏性，运动速度和物体的线性大小有关。现在我们讨论在高速情况下摩擦所遵循的规律。然而，首先我们应当说明，多大的速度算是小的，而多大的速度算是大的。我们关心的不是速度的绝对值，只要是满足前面所讨论的黏滞摩擦规律的速度，就可以认为是足够小的。

实际上，若要提出一个数字标准（例如，多少米每秒），认为在任何情况下，只要速度低于这个数值，就一定能应用黏滞摩擦的规律，这是不可能的。前面所讲黏滞摩擦规律的应用范围与物体的大小、液体的黏性程度和液体的密度有关。

对于空气来说，所谓“小的”速度应当低于：

$$\frac{0.75}{L}\ \mathrm{cm/s},$$

式中，L 表示运动物体的横向线性尺寸。

对于水来说，则要低于：

$$\frac{0.05}{L}\ \mathrm{cm/s},$$

可是，对于像稠蜂蜜这样的黏滞液体来说，这个标准应当是小于：

$$\frac{100}{L}\ \mathrm{cm/s}。$$

由此可见，黏滞摩擦的规律不太适用于空气，更不适用于水：甚至当速度很小，只有 1 cm/s 时，也只适用于很小的物体（毫米大小）。在水中潜游的人所受的阻力，一点也不遵循黏滞摩擦定律。

怎样解释当速度改变时，液体阻力的规律也跟着改变呢？应当从运动物体周围的液体流线特性的变化方面来找原因。图 6.3 示出在液体中运动的两个圆柱体（圆柱的轴线与画面垂直）。当物体缓慢地运动时，液体平稳地流过运动的物体，物体必须克服的阻力是黏滞摩擦力［图 6.3(a)］。当物体作快速运动时，运动物体的后面会产生液体的紊乱流动［图 6.3(b)］。各种不同的流线在液体中时而出现，时而消失，它们形成奇异的形状，如环状、旋涡等。水流的图像随时改变。这种情况叫做湍流，它从根本上改变了阻力的规律。

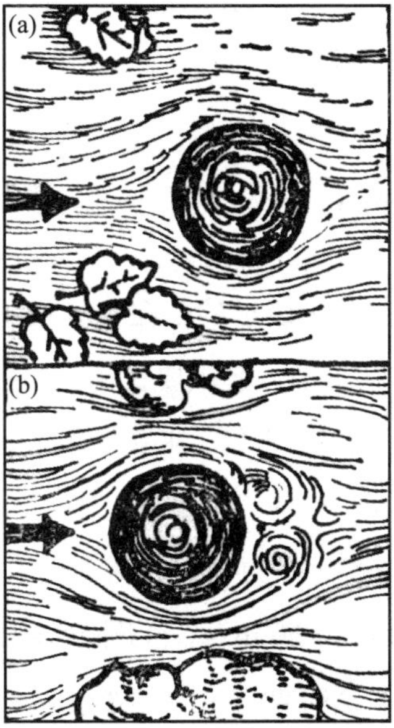

图 6.3

湍流阻力与物体的速度和物体的大小的关系，跟黏滞阻力的情况完全不同：它与速度的平方和线性尺寸的平方成正比。在这种运动情况下，液体的黏性不再起重要作用；液体的密度成为有决定性影响的因素。而且，阻力与液体（气体）密度的一次方成正比。由此可见，湍流情况下阻力 F 的表示式为：

$$F \sim \rho v^2 L^2,$$

式中 v——物体运动的速度，L——物体的线性尺寸，ρ—— 液体的密度。我们没有写出来的比例系数的数值，随着物体的形状不同而不同。

6.4 流线型

正如我们前面所谈过的，在空气中的运动几乎总是"快速"的，也就是说，起主要作用的是湍流的阻力，而不是黏滞阻力。飞机、飞鸟、跳伞员受到的都是湍流阻力。如果人不用降落伞在空气中下落，则经过一定时间之后，他就开始匀速降落（阻力与重力平衡时），但降落的速度是非常大的，大约为 50 m/s。打开降落伞以后，下降的速度将慢得多——这时重力主要与降落伞圆顶的阻力平衡。因为阻力与运动速度和降落物体的大小的比例关系相同，所以，降落物体的线性尺寸改变多少倍，降落的速度也就改变多少倍。降落伞的直径约为 7 m，人的“直径”约为 1 m。降落速度减小到约为 7 m/s，人以这样的速度下落时，可以安全着陆。

应当指出，解决增大阻力的任务要比减小阻力的任务容易得多。减小空气对汽车和飞机的阻力，或减小水对潜水艇的阻力，是很重要也是很难解决的技术任务。

经验表明，改变物体的形状，可以使湍流的阻力减小许多倍。为使作为阻力源泉的湍流运动尽可能减少，把物体的外形做成特殊的形状，正如通常所说的，做成流线型，可以达到这个目的。

从这种意义上来讲，究竟什么形状是最好的？乍一想，似乎应当把物体的前端做成尖锐的。这种尖锐的物体似乎能最有成效地把空气“劈开”。然而事实表明，重要的不是劈开空气，而是怎样才能不扰乱空气，使得空气能很平稳地流过物体。前面是钝的、后面是尖的，这种形状是在液体或气体中运动的物体的最好外形①。此时，液体平稳地流过尖尖的尾部，从而使湍流运动降到最低限度。在任何情况下也不能把尖角调到前面，因为尖形会引起湍流

① 只有当小船和海轮在水面上运动时，为了分开波浪，才需要尖的船头。

运动。

飞机机翼的流线型，不仅产生最小的运动阻力，而且当流线型表面相对于运动方向向上倾斜时，还产生最大的上升力。空气流过机翼时，空气对它的作用力方向基本上是垂直于机翼平面的（图 6.4）。很容易理解，对于倾斜的机翼来讲，这个力的方向是向上的。

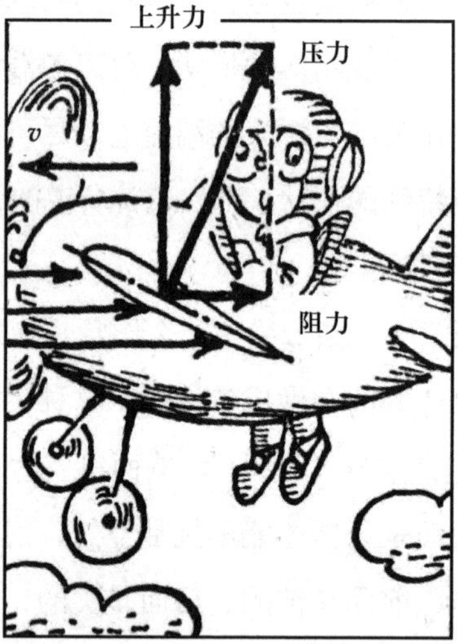

图 6.4

上升力随着倾角的增大而增大。但是，只从几何学的方面考虑，会使我们得出不正确的结论：机翼相对于运动方向的角度越大越好。事实上，随着角度的增大，气流越来越难以平稳地流过机翼平面。当角度达到某一个数值时（如图 6.5 所示），将产生剧烈的湍流，使阻力剧增，从而使上升力减小。

图 6.5

6.5 黏性的消失

当解释某一现象，或描述某一物体的行为时，我们常常引用一些大家熟知的例子。说某个物体以某种方式运动时，如果能与其他遵循同样运动规律的物体进行比较，我们就会容易理解。在大多数情况下，把新的现象与我们日常生活中常见的现象进行对比，就容易把事物解释清楚。当我们给读者解释液体运动所遵循的规律时，并没有遇到特别大的困难，这是因为每个人都看见过水是怎样流动的，所以这种运动的规律使人感到非常自然。

然而，有一种非常奇怪的液体，它跟任何一种其他的液体都不相似，它的运动遵循着其所固有的特殊规律。这种液体就是液态氦。

我们曾经讲过，即使温度一直降低到绝对零度，液态氦仍保持为液体。然而，温度高于 2 K（更精确地说，应为 2.19 K）的氦和低于这个温度的氦——这是完全不同的液体。当温度高于 2 K 时，氦的性质跟其他液体没有什么不同；可是，低于这个温度的氦就变为奇异的液体。人们把奇异的氦叫做氦 Ⅱ。

氦 Ⅱ 最令人惊异的性质就是 П. Л. 卡皮查于 1938 年发现的超流性，即完全没有黏性。

为了观察超流性，我们制作一个容器。容器的底部开一个很窄的狭缝，其宽度只有半个微米。一般的液体几乎不能流过这种狭缝，氦本身在温度高于 2.19 K 时也不流过。然而，当温度刚刚低于 2.19 K 时，氦流动的速度就突然增大，至少增大几千倍。氦 Ⅱ 几乎立刻就通过了非常细的隙缝，即黏性完全消失了。由氦的超流性还产生了一个更为奇怪的现象。氦 Ⅱ 能够从盛它的玻璃杯或试管里自动地“爬出”来。

若把盛有氦 Ⅱ 的试管放在盛有液态氦的杜瓦瓶里，使试管的底部在液氦表面的上方。氦将“无缘无故地”以薄膜形式，沿着试管的管壁上升，并越过试管口的边缘，再从试管外面的底部一滴滴地滴落（见图 6.6）。

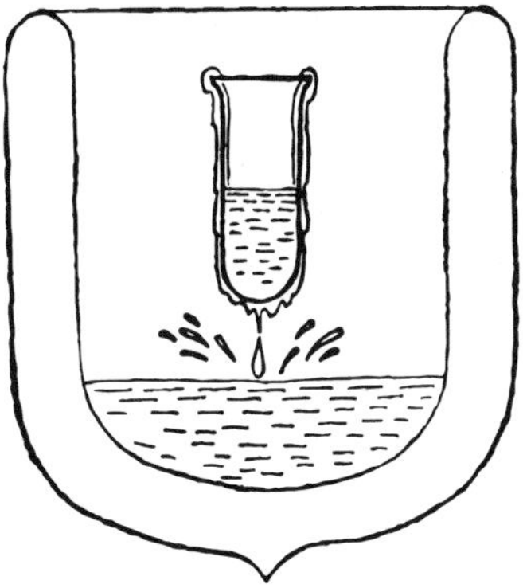

图 6.6

应该回忆一下。由于毛细现象，浸润容器壁的任何液体的分子，都将沿着器壁上升，并在器壁上形成其厚度约为 10^{-6} cm 的一层薄膜。这层薄膜用眼睛是看不出来的，对于普通的黏滞液体来说，一般也看不出什么来。

如果我们讨论的是失去黏性的氦，则情况就完全变了。前面说过，狭缝并不妨碍具有超流性氦的运动，而薄的表面薄膜就相当于一个狭缝。失去黏性的液体以薄层的形式流过。表面薄膜越过玻璃环或试管口，形成一个虹吸管，氦就沿着这个虹吸管流过容器的边缘。

很容易理解，对于普通的液体来说，我们不可能观察到这种现象。具有正常黏性的液体实际上不可能钻过这种极薄极薄的虹吸管。或者说，对于普通的液体来说，这种运动极其缓慢，流出来需要几百万年。

照这样说来，氦 Ⅱ 失去了任何黏性。似乎由此可以得出完全合乎逻辑的结论：固体在这种液体中运动时应当是没有摩擦的。让我们把一个圆盘用线悬挂在液态氦里，并把悬线捻一下。放开手（但仍提住线绳）使得这个简单的装置获得自由之后，我们就获得了某种类似摆的东西——用线绳吊住的圆盘在作振动，时而向这个方向，时而向另外一个方向周期性地扭转。如果没有摩擦，我们应当期待圆盘永久不停地振动。然而，事实不是这样的。经过比较短的时间，大体上像在普通正常的氦 Ⅰ（即温度高于 2.19 K 时的氦）内一样，圆盘就停止振动。这真是怪事！在钻过狭缝时，氦 Ⅱ 的行为像是没有黏性的液体，而对于在其中运动的物体，氦 Ⅱ 的行为又像是一般的黏性液体。这可真是完全不寻常的和不可理解的。

现在我们需要回忆一下所谈的事实，即氦直到绝对零度时也不凝固。原来，问题的实质在于我们所习惯的运动概念已不适用了。如果说氦在接近绝对零度时仍保持液态这件事实本身就是“不合常规的”，那么对液氦的反常行为还有什么必要感到奇怪呢?

只有从量子力学关于运动概念的新观点，才能理解液态氦的行为。下面我们给出用量子力学解释液态氦的行为的最一般概念。

量子力学是很奥妙复杂、很难理解的一种理论，但愿读者不要因为所作的解释比现象本身更出乎意料而感到奇怪。原来，液态氦的每个粒子都同时参与两种运动：一种运动是与黏性无关的超流，而另一种运动是通常的运动。

氦 Ⅱ 的行为是这样的，它好像是两种液体的混合物，它们彼此完全无关，并且可以“互相穿越”。一种液体的行为是正常的，即具有普通的黏性，另一种液体是超流性液体。

当氦流过狭缝，或越过玻璃杯口时，我们看到的是超流效应。而当浸在氦中的圆盘振动时，由于在氦中存在着具有普通黏性的成分，圆盘不可避免地会遇到摩擦力，所以圆盘会逐渐停止振动。

由于氦具有能够参与两种不同运动的特性，因而产生了完全不寻常的导热特性。前面已经讲过，液体的导热特性一般都相当差。氦 Ⅰ 的行为类似于普通液体。当转变为氦 Ⅱ 时，它的导热本领大约增大十亿倍。因此，氦 Ⅱ 的导热本领比最好的普通导体（如金和银）还好。

问题在于氦的超流成分没有参与热传递。因此，当温度降到氦Ⅱ的温度时，就会产生运动方向相反的两种流动，其中一种流动是正常的流动，它携带着热量。可是，它跟一般的热传导是完全不同的。在普通液体中，热是依靠分子的碰撞而传递的。在氦Ⅱ中，热是跟氦的普通成分一起流动的，也就是说，热像液体一样流动。“热流”这个术语在这里真是名副其实。热传递的这种方式产生了巨大的导热性。

对于氦导热性的这种解释可能使读者感到太古怪，以致不能相信这点。但是，用下列简单的实验可以证明上述想法的正确性。

把充满氦的杜瓦容器放在盛有液态氦的缸中。容器与缸靠毛细管连通。用电阻丝给容器内部的氦加热，热不会传给容器外面的氦，因为容器壁不传热。

把用细线悬挂着的小叶片放在毛细管口的对面。如果热像液体那样流动，则它应当使小叶片扭转。事实表明，小叶片确实扭转了。可是，容器中氦的数量并不改变。怎样解释这个奇妙的现象呢？只有唯一的一种解释：当加热时产生了两种液流，即正常的液体成分从被加热的地方向冷的地方流动，而超流动的成分则沿相反的方向流动。氦的数量在每一点都是不变的。因为正常的液体成分与热量一起流动，它的黏滞摩擦力使小叶片扭转。加热过程延续多久，小叶片的扭转状态也就维持多久。

根据超流运动不传热这一情况，还可以得出另一个结论。前面曾讲过氦“爬”过杯口的现象。但是，超流部分从杯里“流出”，而正常部分仍留在杯里。因为热只与氦的正常部分有关，它与“流出”的超流部分无关。这就是说，随着氦从容器中的“流出”，原来的热量都留在越来越少的氦上——容器中剩下的氦应当越来越热。在实验中确实观察到了这种结果。

与超流运动和正常运动有关的氦的质量是不相等的。它们的比值与温度有关。温度越低，超流部分氦的质量所占的比例就越大。在绝对零度时，全部的氦都变为超流动性的。随着温度的升高，越来越多的氦转变为正常部分，在温度达到 2.19 K 以后，全部的氦都变为正常的，具有普通液体的性质。

读者的脑子里可能在翻腾着许多问题：超流氦究竟是什么，液体的粒子怎么能同时参与两种运动，怎样解释一个粒子的两种运动？……可惜，我们现在不能解答这些问题。氦 Ⅱ 的理论太复杂了，为了理解它，还必须学习许多深奥的知识。

6.6 可塑性

弹性——外力对物体停止作用之后，物体恢复自己原来形状的本领。如果把 1 kg 的砝码挂在横截面积为 1 mm^2、长 1 m 的钢丝下端，则钢丝被抻长。伸长量非常小，大约只有 0.5 mm，但不难看得出来。如果把砝码取下，钢丝将回缩 0.5 mm，恢复 1 m 的长度。这种形变叫做弹性形变。

请注意！在 1 kgf 作用下、横截面积为 1 mm^2 的钢丝，和在 100 kgf 作用下、横截面积为 1 cm^2 的钢丝，处于相同的应力强度条件下。因此，在描述材料的行为时，需要指明的不是力（如果不知道物体的横截面积，则力所作用的对象就是不明确的），而是应力强度，即作用在单位面积上的力。一般的物体——金属、玻璃、石头，在最好的情况下，至多可以弹性地抻长百分之几。橡皮具有出色的弹性。橡皮可以抻长百分之几百（即它的长度可以拉伸到原来长度的 2 倍或 3 倍以上）。松开抻长的橡皮以后，它将恢复初始的长度。

所有的物体（没有例外）在不大的力作用下的形变都是弹性的。然而，有些物体的弹性限度范围较窄，另外一些物体的弹性限度范围较宽。例如，对于像铅这样的软金属，如果横截面积为 1 mm^2 的铅丝下端挂 0.2 ~ 0.3 kgf 的砝码，则就会达到弹性限度；对于像钢这样的一些硬金属，弹性限度大约要高 100 倍，即大约为每平方毫米 25 kgf。

在外界作用力超过弹性限度的情况下，各种物体可以有不同的反应，它们大体上可以分成两类——像玻璃这样的一些物体，即脆的物体；和像黏土这样的一些物体，即可塑的物体。

如果把手指按在一块黏土上，就会留下印迹，即使是复杂的螺旋形指纹也会准确地留下来。如果用榔头敲打一块软铁或铅，则软铁或铅上就会留下清楚的痕迹。作用没有了，形变仍然保持下来，人们把这种情况叫做塑性形变或剩余形变。对于玻璃来说，是不能得到这种剩余形变的：如果一定要坚持尝试一下，则玻璃就会破碎。有一些金属和合金，例如生铁，也是这样地易碎。铁桶在榔头的打击下会被砸扁，生铁锅则会被砸碎。关于易碎物体的强度可以举出以下一些数据：为了使生铁粉碎，必须给它每平方毫米的表面上施加 50 ~ 80 kgf。对于砖来说，只需要每平方毫米 1.5 ~ 3 kgf。

像任何其他分类一样，把物体分为易碎的和可塑的，在很大程度上是相对的。温度较低时是易碎的物体，在温度比较高的时候，可以变为可塑的物体。如果把玻璃加热到几百摄氏度，它就变为可塑的材料，这时可以很容易地对它进行加工。

软金属，像铅，可以在较低的温度下进行锻造；但对于硬金属，则必须在高温下（例如炽热状态下）才能进行锻造。提高温度可以大大地增加材料的可塑性。

金属的重要特点之一就是在室温时很硬，而在高温时又具有良好的可塑性，这使金属成为良好的结构材料。可以很容易地使炽热的金属具备所需要的形状；而在室温的情况下，必须用很大的力才能改变金属的形状。

材料的内部结构对其机械性能有重要的影响。很容易理解，裂缝和空隙将明显地减弱物体的强度，并使它比较易碎。

塑性形变的物体硬化的本领是很出色的。刚刚从熔化的金属中生长出来的金属单晶是很软的。很多金属的晶体也是相当软的，用手很容易把它们弄弯，但用手不能把这种晶体弄直。可是，硬化以后，就必须用很大的力量才能使金属物件发生塑性形变。可塑性不仅是一种材料性质，也是一种加工性质。

为什么工具不是用金属铸造的，而是用金属锻造的呢？原因很简单。锻造（或轧制，或拉拔）出来的金属件的强度比铸造的要大得多。无论怎样锻造金属，我们也不能使它的强度高于某个限度，这个限度叫做流动性极限。对于钢来说，这个极限是在 $30 \sim 50\ \mathrm{kgf/mm^2}$ 这个范围内。

这个数字的含意是：如果在横截面积为 $1\ \mathrm{mm}^2$ 的金属丝下悬挂一个 16 kg 的砝码（小于流动性极限），则金属丝开始被抻长，同时也逐渐硬化。因此，抻长过程很快就停止——砝码将静止地悬挂在金属丝上。如果在这条金属丝下悬挂 50 kg 的砝码（超过了流动性极限），情况就是另外的样子了。金属丝将被不断地抻长（流动），直到被拉断为止。我们再一次强调指出：在这个实验中决定物体行为的不是力，而是应力强度。横截面积为 $100\ \mathrm{\mu m}^2$ 的金属线，在 $(30 \sim 50) \times 10^{-4}$ kgf，即 $3 \sim 5$ gf 的作用下就要流动。

6.7 位错

大家知道塑性形变是具有巨大实际意义的。锻造，冲压，获取金属片，拉制导线等，所有这些都是具有同一本质的现象。

如果认为构成金属的雏晶是空间点阵的理想的碎块，则我们无论怎样也不能理解塑性形变。

早在二十世纪初就建立了关于理想晶体机械性质的理论。但是，理论与实验结果相差上千倍。假如晶体是理想的，则它的断裂强度应当比实际观察到的数值大几个数量级；并且，为产生塑性形变所需要施加的力也要大得多。

在积累大量事实以前就有人提出了一些假设。科学家们很清楚，为了使理论与实验结果能够协调，唯一的办法就是假设在晶体中存在有缺陷。当然，关于缺陷的性质可能有各种不同的假设。只有当物理学家们用最精细的方法研究了物质结构之后，情况才逐渐清楚了。研究表明，理想的点阵小块的尺寸的数量级是几百万分之一厘米。这些点阵小块的方向性偏差约为几秒或几分。

到二十世纪二十年代末已经积累了很多事实，从而导出了重要的结论：被叫做位错的有规则位移是实际晶体的主要（虽然不是唯一的）缺陷。简单的位错模型如图 6.7 所示。正如所看到的，缺陷的实质在于：晶体中存在有这样一些地方，那里似乎有一个“多余的”原子晶面。图 6.7(a) 上的虚线把整体分成两个小块。晶体的上面部分是被压缩的，而下面部分是被抻开的。由图 6.7(b)（该图是左图的俯视图）可以看出，位错会很快地随距离而消失。

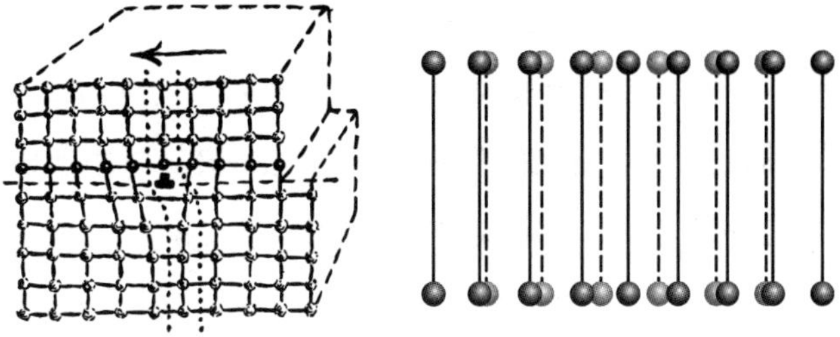

(a) (b)

图 6.7

在晶体中常见的另一种位错叫做螺位错。如图 6.8(a) 所示。这里的点阵被分成两块，其中的一块有一部分相对于它的邻居似乎滑开了一个周期。最大的形变集中在轴附近。这个轴附近的部分叫做螺位错区。

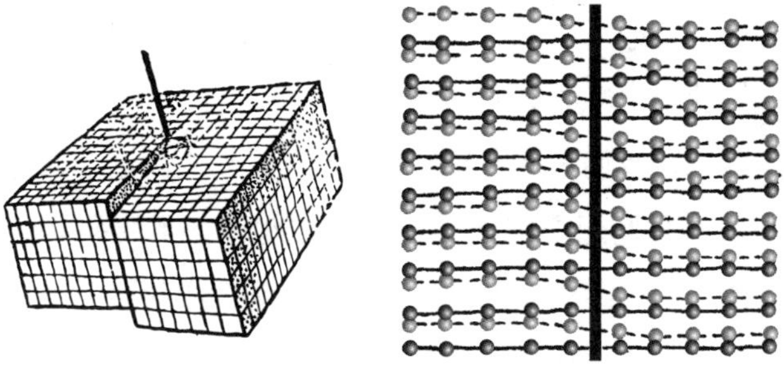

(a) (b)

图 6.8

如果观察图 6.8(b)，它表示切口平面的这一面和那一面的两个相邻原子晶面，我们就能更好地理解这种形变的实质。对于三维的图来说，这是从右边看去的画面。螺位错的轴就是三维图上的那根轴。右边那块晶面用实线表示，左边那块晶面用虚线表示。图中的黑点比白点更靠近读者。正如从图上所看到的，螺位错是另一种类型的位错，它不同于简单的位错。这里没有多余的一行原子。这里的形变是：在轴附近的各行原子变更了自己最近的邻居，即形成了弓形，并跟下一层的邻居看齐。

为什么这种位错叫做螺位错？设想，你沿着原子前进，并且要绕着位错的轴。不难看出，从最低的晶面开始旅行，每绕一周之后你就会到达较高的一层，最后将到达最高层的晶面，正如沿着螺线形的梯子前进那样。在我们的图上，沿逆时针方向走就能从下向上升。假如晶块的剪切方向相反，则应当沿顺时针方向前进。

现在，我们来回答塑性形变是怎样发生的这个问题。

假设我们想要把上半块晶体相对于下半块晶体错开一个原子间的距离。你们可以看到，为此必须使上半块晶体中的全部原子相对于下半块晶体中的全部原子错开。这种情况完全不同于当晶体遭受剪切力作用的情况。

图 6.9 中紧密排列的小球表示简单位错的情况。让我们把上边的半块相对于下边的半块向右移动。为了比较容

易地分析这个过程，我们给小球标上数码；被压的一层小球用带撇的数码表示。在某一初始时刻，“裂口”处在第 2 和第 3 行之间；第 2′ 和第 3′ 行处于被挤压状态。刚有作用力，第 2 行就移动到裂口处，现在小球 3′ 可以“缓一口气”了。然后，小球 1′ 却受挤了。究竟发生了什么事？整个位错向左移动了，并且，这种运动将一直继续到位错“移出”晶体为止。结果，错开了一行原子，这个结果跟理想晶体的切变是一样的。

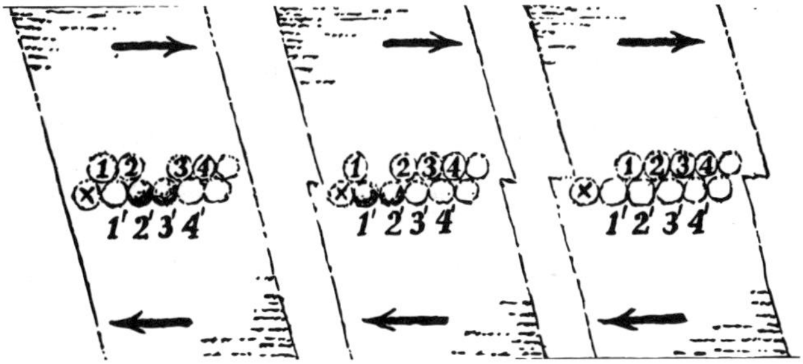

图 6.9

不必证明就很清楚，位错的移动比理想晶体的切变移动所需的力要小得多。在后一种情况中，需要克服原子间的相互作用力——使所有各行原子都移动；在前一种情况中，每一瞬间只移动唯一的一行原子。

计算表明：在没有位错的情况下，晶体的强度比实际观察到的强度数值大上百倍。只要存在不多几个位错，就可以使强度降低很多。

然而，还可以进一步提出下述的问题。从图 6.9 中可以很明显地看出，所施加的外力会把位错从晶体中赶出去。这就是说，随着形变程度的增大，晶体的强度应当变得越来越大。最后，当最后一行位错被排除后，根据理论，晶体的强度应当增大几百倍。实际上，随着形变程度的增大，晶体逐渐强化，但远不是增强上百倍。利用螺位错可以解释理论与实际的这种差别。因为螺位错不是很容易能够从晶体中“赶出去”的（请读者原谅，这种情况很难用图画出来）。此外，晶体的切变可以因上述两种类型的位错而发生。位错理论可以满意地解释各晶面之间切变现象的特性。以近代物理学的观点来看，晶体的塑性形变就是沿晶体发生的无序运动。

6.8 硬度

强度和硬度是彼此不能混淆的。粗绳、呢绒、丝线可以具有很大的强度——为了把它们扯断，需要用很大的力。可是，谁也不能说绳和线是坚硬的材料。相反，玻璃的强度不大，可是玻璃很硬。

在工程技术中用到的硬度概念，是从日常生活实际中借用过来的。如果某个物体很难被划破，很难在它上面留有痕迹，则这个物体就是坚硬的。读者可能觉得这个定义是含混不清的。我们习惯于用数字来表示物理概念，关于硬度又该怎样表示呢?

矿物学家早就在使用一个十分简陋的，但同时在实际上是有效的方法。把十个已知的矿物排成一行。第一个是金刚石，它下面是刚玉，其次是黄玉、石英、长石、磷灰石、萤石、方解石、石膏和滑石。这个次序是这样排出来的：金刚石可以在所有矿物上面划出刻痕，但任何一种矿物都不能给金刚石划出痕迹。这也就是说，金刚石是最硬的。它的硬度用数字 10 表示。金刚石下面的刚玉，比所有其余几种矿物都要硬——刚玉可以在它们上面划出痕迹。给刚玉标出的硬度数为 9。以此类推，数字 8、7 和 6 分别属于黄玉、石英和长石。它们中的每一个都比位于它后面的其余矿物要硬，而比硬度数较大的矿物要软。最软的矿物——滑石——具有 1 个硬度单位。

利用这种标度来“测量”（这里，测量这个词应当打上引号）硬度，就是要确定待测的矿物在上述十个作为标准的次序中应占的地位。

如果未知的矿物可以留下石英划出的痕迹，但它本身又能在长石上留有痕迹，则它的硬度等于 6.5。

金属学家们使用另外的方法测量硬度。利用直径为 1 cm 的钢球，以标准力（通常为 3 000 kgf）作用在试验用的材料上，压出一个坑。坑的半径作为硬度的数。

由划痕定出的硬度和由压坑定出的硬度不一定是一致的。在采用划痕法进行比较时，甲种材料可以比乙种材料硬，但在采用压坑法进行比较时，甲种材料也可以比乙种材料软。

由此可见，硬度的概念与测量方法有关。因此，硬度是属于技术性的概念，而不是物理性的概念。

6.9 声振动和声波

我们已经给读者讲了很多关于振动的知识。摆、弹簧上的小球怎样振动，弦振动的规律是怎样的——这些问题曾在第一册里用专门的一章阐述过。但是我们没有谈过，当物体在空气或其他介质中振动时，空气或介质中会发生什么事情。无疑，振动不可能丝毫不影响介质。振动的物体推动空气，使空气的粒子从原先所在的位置发生位移。同样很容易理解，不仅仅是在振动物体附近的一层空气发生位移。振动着的物体推动最邻近的一层空气，这一层空气又推动下一层——这样一层跟着一层，一个粒子跟一个粒子地，使周围的空气都运动起来。我们说，空气进入了振动状态，或者说，在空气中发生了声振动。

我们把介质的振动叫做声振动，但这并不意味着所有的声振动我们都能听得见。物理学在更广泛的意义上使用声振动的概念。哪些声振动是我们能够听得见的呢——下面我们就来谈谈这个问题。

因为声音多半都是通过空气传递的，所以我们先谈一下空气。自然，没有任何特殊的理由可以说声振动只是发生在空气中。在任何能够被压缩的介质中，都可以发生声振动。因为在自然界中不存在不可压缩的物体，所以任何物质的粒子都可以处于声振动的条件下。关于这种振动的学说通常叫做声学。

在声振动时，每一个空气粒子的平均位置不变——粒子只在平衡位置附近作振动。最简单的情况是空气的粒子作简谐振动。这是按正弦规律进行的振动。表征这种振动所用的量是：离开平衡位置的最大位移——振幅和振动的周期，即完成一次振动所需的时间。

在描述声振动的性质时，常常利用比周期更为方便的概念，即关于振动频率的概念。频率是周期的倒数，即：

$$\nu = \frac{1}{T},$$

频率的单位是秒的倒数（s^{-1}）。然而，“秒的倒数”这种说法很少使用。通常说秒的负一次方或赫兹。如果振动的频率等于 100 s^{-1}，则这就意味着空气粒子在 1 s 内完成 100 次振动。因为在物理学中经常遇到比 1 Hz 大许多倍的振动频率，所以广泛使用的单位是千赫和兆赫。

在通过平衡位置时振动粒子的速度是最大的。相反，在最大位移的位置时，粒子速度等于零。我们已经说过，如果粒子的位移遵循简谐振动的规律，则振动速度的变化也必须遵循同一规律。如果用 s_0 表示位移的振幅，用 v_0 表示速度，则：

$$v_0 = \frac{2\pi s_0}{T} \quad 或 \quad v_0 = 2\pi\nu s_0。$$

大声说话使空气的粒子振动，其位移振幅只有几百万分之一厘米。速度的最大值大约为 0.02 cm/s。

除了粒子的位移和速度之外，描述振动的另一个重要物理量是剩余压强，也叫做声压。空气的声振动就是在空间每一点的空气密度周期性交替地变密和变稀。在任意一个位置，空气的压强时而大于，时而小于没有声音时的压强。这个剩余（或不足）的压强就叫做声压。声压与空气的正常压强相比是很小的。例如，在大声说话时，声压的最大值约等于大气压的百万分之一。声压与粒子振动的速度成正比，并且，这两个物理量之间的比值只与介质的性质有关。例如，在空气中，当振动速度为 0.025 cm/s 时，相应的声压为 1 dyn①/cm^2。

按正弦规律振动的弦，也使空气粒子作简谐振动。噪声和音乐的谐音产生的振动是比较复杂的。图 6.10 所示

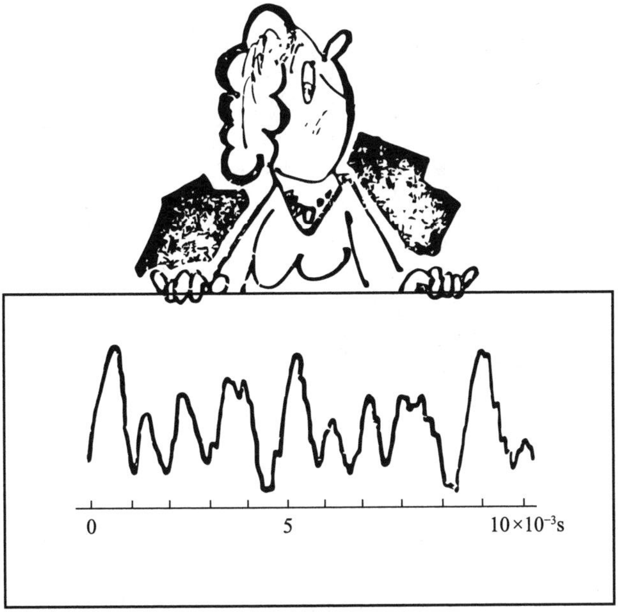

图 6.10

① 1 dyn = 10^{-5} N。

是记录到的声振动，即声压与时间的关系。这条曲线跟正弦曲线很不相似。然而，要知道，任意一个复杂的振动都可以看作由许多个不同振幅和频率的正弦曲线叠加的结果。正如通常所说，这些简单的振动是复杂振动的波谱。对于简单的例子来说，这种复杂振动如图 6.11 所示。

图 6.11

假如声音是瞬时传播的，则所有空气的质点应当像一个质点那样振动。然而，声音的传播不是瞬时的。在传播方向上，沿线的空气依次进入运动状态，就像被从声源发出的一束波浪推动着似的。这可以用日常生活中常见的例子来说明：小木片平静地躺在水面上，当往水中抛入小石块激起圆形水波以后，小木片就被波浪推动而跟着振动起来。

让我们观察一个振动的粒子 A，并把它的行为与在声音传播方向上的其他粒子的运动进行比较。相邻的粒子发生振动要稍晚一些，稍远的一个粒子更晚一些。这种时间延迟的量值逐渐增大，最后，我们将碰到振动时间延迟了一个周期，跟粒子 A 同节拍振动的粒子，就像落后整整一圈的不顺利的长跑运动员，可以跟领先的运动员一起，同时跑在冲向终点的一段路程上一样。经过多大的距离我们才能碰到跟观察的粒子 A 同节拍振动的质点呢？不难想象，这个距离 λ 等于声音传播速度 c 与振动周期 T 的乘积。距离 λ 叫做波长：

$$\lambda = cT。$$

经过距离 λ，我们将碰到同节拍振动的质点。相距 $\lambda/2$ 的两个点，将像垂直于镜面作振动的物体相对于自己的像那样，作方向相反的运动。

如果把简谐声波传播方向上所有质点的位移（或速度，或声压）表示出来，则得到的又是正弦曲线。

不应该把波动曲线和振动曲线混淆起来。图 6.12 和图 6.13 很相似，但是图 6.12 上的横坐标表示距离，而图 6.13 上的横坐标表示时间。一个是振动的时间展开图，而

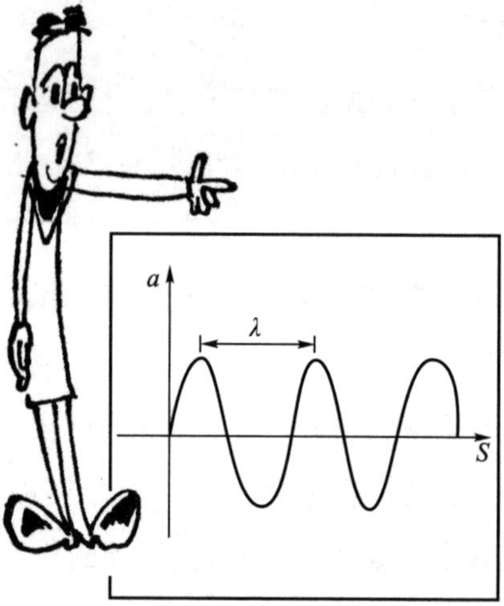

图 6.12

图 6.13

另一个是波动的瞬时“照片”。从这两个图的对比可以看出，波长也可以叫做波的空间周期：λ 在空间坐标上的作用相当于 T 在时间坐标上的作用。

在声波图上，纵坐标表示粒子的位移，横坐标表示在波传播方向上的距离。这可能引起一种误解，似乎粒子总是在垂直于波传播的方向上发生位移。实际上并非这样，例如，空气的粒子总是沿着声音传播的方向振动。这种波叫纵波。

光的传播速度比声音的传播速度快得多。雷和闪电是同时发生的。几乎在它们发生的时候我们就能看到闪电，但雷声却要以大约每三秒钟一千米这样的速度才能传到我们耳朵里（声音在空气中传播的速度约为 330 m/s）。这就是说，当听到雷声的时候，遭闪电打击的危险早已经过去了。

一般说来，若已知声音传播的速度，就可以测定雷电是在多远的地方发生的。如果从看到闪电的时刻到听到雷的隆隆声经过了 12 s，则就是说，雷电是发生在离我们 4 km 远的地方。

气体中的声速约等于气体分子运动的平均速度。它跟气体的密度无关，跟绝对温度的平方根成正比。液体传播声音比气体快。声音在水中传播的速度为 1 450 m/s，即是空气中声速的 4.5 倍。固体中的声速还要快，例如，声音在铁中传播的速度约为 6 000 m/s。

当声波从一种介质进入另一种介质中时，它的传播速度要发生变化。但同时还要发生另外一种有趣的现象——声波在两种介质的界面上有一部分被反射。声波的多大部分被反射，这主要决定于两种介质密度的比值。在声波从空气传到固体或液体表面的情况下；或者相反，在从较密的介质传到空气中时，声波几乎全部被反射。当声波从空气传到水中，或者相反，从水中传到空气中时，能进入第二种介质的只占声波强度的 1/1 000。如果两种介质都是较密的，则通过的和反射声波之间的比值也可能是不大的。例如，声波从水中进入钢中，或者从钢中进入水中，能进入第二种介质的声波只占 13%，而反射的占声波的 87%。

在航海中广泛地利用了声波的反射现象。测量深度的仪器——回声探测仪，就是根据这个原理制成的。人们把声源（辐射器）放在海船水下的一侧（图 6.14）。断断续续的声波产生了能够穿过水层到达海底的声射线。由海底反射以后，一部分声波射向海船，船底装有灵敏的接收器。精确的时钟记录下声波这次旅行用了多少时间。声在水中的速度是已知的，由此可以简单地计算出关于海水深度的精确资料。

图 6.14

如果不是向下，而是向前方或向侧面发送声波，则可以利用它测知在船附近有没有危险的暗礁或没入水中的冰山。

发声物体周围空气的所有粒子都处于振动状态。正如我们在第一册中计算过的，按正弦规律振动的质点具有确定不变的总能量。

当振动的质点通过平衡位置时，它的速度是最大的。因为在这个时刻质点的位移等于零，所以，所有的能量都转化为动能：

$$E = \frac{mv_{最大}^2}{2}。$$

因此，总能量与振动速度最大值的平方成正比。

对于在声波中振动的空气粒子，这个结论也是正确的。然而，说空气中的一个粒子似乎不太明确。最好是说单位体积内空气粒子的能量。这个量叫做声能密度。

因为单位体积内的质量就是密度 ρ，所以，声能密度：

$$w = \frac{\rho v_{最大}^2}{2}。$$

我们在前面曾提到过一个重要的物理量，它的振动频率与速度的振动频率相同，这就是声压或剩余压强。因为声压跟速度成正比，所以可以说：能量密度与声压最大值的平方成正比。

大声谈话时声振动的最大速度等于 0.02 cm/s。1 cm^3 的空气质量大约为 0.001 g。由此可见，能量密度等于：

$$\frac{1}{2} \times 10^{-3} \times (0.02)^2 \ \mathrm{erg/cm^3} = 2 \times 10^{-7} \ \mathrm{erg/cm^3}。$$

设声源在振动。它向周围的空气辐射能量。能量好像从发声的物体“流出”。单位时间内通过垂直于声音传播方向的某个面积的能量是一定的。这个量叫做通过该面积的能流通量。此外，如果取面积为 1 cm^2，则通过该面积的能量叫做声波的强度。

不难看出，声强 I 等于能量密度 w 与声速 c 的乘积。设有一个平行于声音传播方向的、高为 1 cm 和底面积为 1 cm^2 的小圆柱体。这个小圆柱体内所包含的能量 w，在 $1/c$ 时间内就可以完全放出来。由此可见，在单位时间内通过单位面积的能量为 $\dfrac{w}{1/c}$，即 wc。能量好像是自己以声速在运动。

在大声说话时，交谈者附近的声强大约等于（我们利用前面所得到的数据）：

$$2\times10^{-7}\times3\times10^{4}\ \mathrm{erg/(cm^2\cdot s)}=0.006\ \mathrm{erg/(cm^2\cdot s)}。$$

6.10 听得见和听不见的声音

人的听觉能够接收什么样的声振动？原来，耳朵能够接收的只是在 20 ~ 20 000 Hz 这个范围内的振动。我们把频率高的声音叫做高音，频率低的声音叫做低音。

可听见的频率范围所对应的波长是多大呢？因为声速大约等于 300 m/s，所以，根据公式：

$$\lambda=cT=\frac{c}{\nu},$$

我们得知：听得见的声波波长在 15 m（最低音）到 3 cm（最高音）这个范围内。

我们是怎样“听见”这些振动的？

到目前为止，还没能彻底解释清楚我们的听觉器官是怎样工作的。在内耳中（在耳蜗里——充满液体的几厘米长耳道），有能够接收从空气经耳鼓膜传到耳蜗的声振动的几千条感觉神经。耳蜗中究竟是这一部分还是哪一部分发生的振动最强，这取决于声音的频率。尽管感觉神经沿着耳蜗排列得很密，以致会同时激发其中的许多根神经，人（和动物）——特别是在幼年——也能分辨出频率的微小（千分之几的）变化。这一切是怎样发生的，目前还不知道。目前只知道大量从单个神经传到大脑的刺激，在大脑里进行着分析，这一点起着最重要的作用。设计一个跟耳的结构一样、并能像人耳那样好地分辨出声音频率的力学模型，目前还没有成功。

20 000 Hz 的声频，是人耳能接收的介质机械振动的最高极限。可以用不同的方法产生更高频率的振动，这时人虽然听不见它，但是，仪器可以记录到它。其实，不仅仪器可以记录下这种振动，很多动物——蝙蝠、蜜蜂、鲸鱼和海豚（可以看出，这与动物的大小无关），也能接收频率高达 100 000 Hz 的机械振动。

现在已能获得频率高达十亿赫兹的振动。虽然这种振动是听不见的，但因为它与声波是近亲，所以把它叫做超声波。利用石英片得到的超声波频率最高。这种石英片是由石英的单晶切割出来的。

第七章 分子的转化

7.1 化学反应

物理学是所有自然科学的基础。因此，把物理学与化学、地质学、气象学、生物学……分开是完全不可能的。因为自然界的基本规律是物理学的研究对象。物质结构理论也是物理学不可分割的一部分。有些书名叫做地质物理学、生物物理学、化学物理学、建筑物理学等，这并不是偶然的。在讲自然界基本规律的这本书中，谈一些关于化学反应的问题是很适宜的。

严格地说，在下列情况下就会出现化学反应：一个分子分裂为几个部分，或两个分子形成一个新的分子，或两个相遇的分子形成两个另外的分子。如果在某个现象的开始和最后，我们发现参与事件的物体的化学成分发生了变化，则这就意味着发生了反应。

化学反应能够“自己”进行，即依靠分子的热运动而进行。例如，人们说：“物质被分解了”。这意味着原子在分子中的内振动使得原子间的联系被破坏，分子被拆散。

多数化学反应是分子相遇在一起的结果。金属生锈是化学反应：金属原子遇到水分子，形成了氧化物。若把一小撮柠檬酸和一小匙碱倒在一杯水中，马上就会开始剧烈地形成气泡。这两种分子的相遇会产生一些新的物质，其中包括二氧化碳气体，这种气体的气泡从水中排出。

总之，分子的自发瓦解和分子的碰撞，是化学反应的两个原因。

然而，其他的原因也可能引起化学反应。你到南方去了一趟之后，会因为衣服被太阳晒褪了颜色而感到遗憾。这是由于染在衣服上的染料在太阳光的作用下发生了化学变化。

在光的作用下所发生的反应，叫做光化学反应。为了不把它与光作用下的发热混为一谈（发热导致分子的动能增加，从而使分子间的碰撞次数增多，也使分子撞击的力增大），人们必须仔细地进行有关的实验。光的化学作用就是光粒子（光子）“破坏”化学键的作用。

绿色植物在光的作用下会发生一连串的化学反应，叫做光合作用。由于在植物中进行的光化学反应，实现了碳的大循环，没有这种大循环就不可能存在生命。

其他高能粒子——电子、质子等——也能破坏化学键，从而引起各种化学反应。

化学反应既可以是吸热反应，也可以是放热反应。从分子的观点应如何解释这种现象呢？如果两个缓慢运动的分子相遇时产生了两个快速运动的分子，这就意味着所发生的是放热反应。因为我们知道，温度的增加就相当于分子的加速。我们在下一节将谈到的燃烧和爆炸就属于这种反应。

现在，我们应该从分子的观点来讨论反应的速度。众所周知，有的反应是瞬时发生的（例如爆炸），而有的反应则要延续几年。我们还是来谈两个分子相碰，并由此形成两个另外分子的这种反应。作下面的假定大概是合理的：第一，能够使分子断开并使分子重新组合的碰撞能量相当大；其次，在任何碰撞角度下，或在某些碰撞角度下，都应当有这样的分子，它们使反应能够发生。

为了发生反应所需的最小能量叫做活化能，它在反应的过程中起着重要的作用。然而也不应当忘掉第二个因素——具有一定能量的粒子发生“顺利的”碰撞的概率。

可以用图 7.1 来模拟放热的化学反应。把小球推上小山坡，翻过最高点，最后滚下。因为开始的水平面高于最后的水平面，所以花费的能量要比放出的能量少。

这个模型直观地说明了反应速度与温度有密切关系

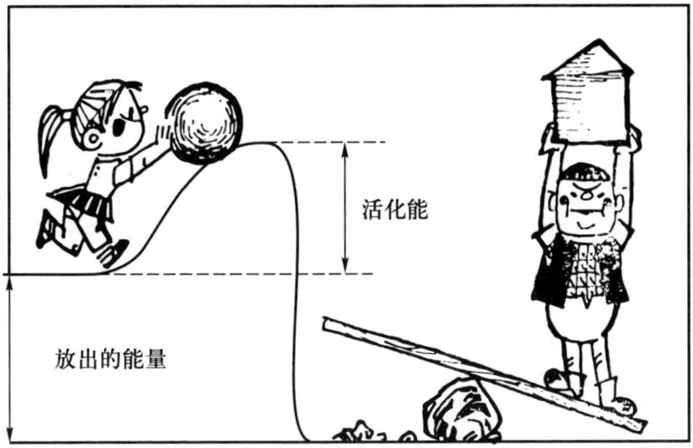

图 7.1

的原因。如果温度低，则“小球的速度”不能使它到达山顶。随着温度的升高，越过山顶小球的数目将越来越多。化学反应的速度与温度有很密切的关系。一般来说，温度升高 10 ℃，反应速度增大 1 ~ 3 倍。如果在温度升高 10 ℃ 时反应速度增大 2 倍，则温度升高 100 ℃ 时反应速度将增大 $3^{10} \approx 60\ 000$ 倍；温度升高 200 ℃ 时增大 $3^{20} \approx 4 \times 10^9$ 倍；升温 500 ℃ 将增大 3^{50} 倍，即大约 10^{24} 倍。所以，在 500 ℃ 时以正常速度进行的反应在室温时一般不发生，这是不足为奇的。

7.2 燃烧和爆炸

正如大家知道的，为了开始燃烧，应该把点燃的火柴移到可燃物体上。然而，火柴也不能自行燃烧，必须在火柴盒上擦划。由此可见，为了开始这种化学反应，必须预先加热。为了使物体燃烧起来必须先点火，借以产生必要的温度。为了继续维持燃烧过程所需的高温，可以利用燃烧时所放出的热量。

燃烧开始时的初始局部加热必须达到这样的程度，使得反应过程所产生的热量超过向周围冷环境散发出去的热量。因此，正如通常所说的，每一种可燃物都具有自己的燃点（燃烧温度）。只有当初始温度高于燃点时，燃烧过程才能开始。例如，木材的燃点为 610 ℃，汽油的燃点约为 200 ℃，白磷的燃点为 50 ℃。

木柴、煤或石油的燃烧，是这些物质与空气中氧结合的化学反应。因此，这种反应是从表面开始的。在燃料的外层没有烧尽以前，它的内层不可能参与燃烧反应。这就是燃烧进行得相当缓慢的原因。事实证明，这种认识是正确的。如果把燃料捣碎，燃烧的速度就可以显著地加快。因此，很多火炉装置，都在炉膛里把煤捣碎。

在发动机的气缸中，也是把燃料弄得很细碎，并使它与空气混合。发动机中的燃料不是煤，而是比较复杂的物质，例如汽油。这种物质的分子如图 7.2 中的左图所示。它包含 8 个碳原子和 18 个氢原子，其组成的方式如图所示。当燃烧时，这些分子受到氧分子的撞击。与氧分子相遇后，汽油的分子就遭到破坏。

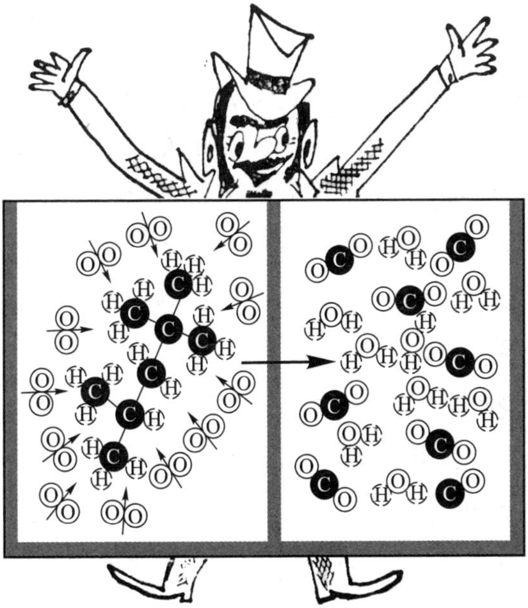

图 7.2

汽油分子中的 1 个或 2 个碳原子与氢原子相结合的

力，以及氧分子中 2 个氧原子相互结合的力，既对抗不了氧原子与氢原子之间强大的“亲合力”，也对抗不了氧原子与碳原子之间强大的“亲合力”。因此，分子中原子的原先联系遭到破坏。原子重新组合，并产生新的分子。新的分子是燃烧的产物。在这种情况下，正如图 7.2 右图所示出的，这些产物也是二氧化碳和水。此时水以蒸气的形式出现。

当不需要空气，而物质内部有进行反应所必需的一切必要物质时，情况就完全两样了。氢和氧的混合物（人们把它叫做爆鸣气）就是这种物质的例子。反应不是从表面开始进行，而是在物质的内部发生。与燃烧时的情况不同，在发生这种反应时所形成的全部能量几乎是瞬时地释放出来。因此，压强急剧地增大，从而发生爆炸。爆鸣气不是燃烧，而是爆炸。

总之，爆炸物的内部应当含有反应所必需的原子或分子。很明显，可以事先准备好爆炸用的气体混合物。也有固体爆炸物。它们之所以是爆炸物，是因为在它们的成分中包含有化学反应所必须的一切原子，这些化学反应能放出光和热。

爆炸时所发生的化学反应，是把分子分裂为几部分的裂变反应。图 7.3 所示的是爆炸反应的一个例子——硝酸

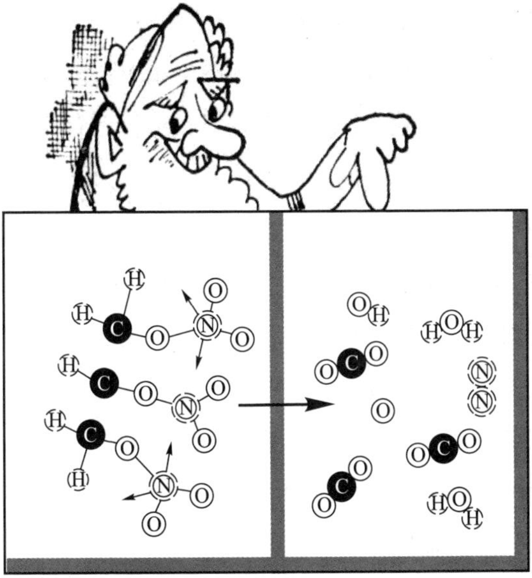

图 7.3

甘油的分子分裂为几个部分。从右图中可以看出，由硝酸甘油的分子产生了二氧化碳、水和氮气的分子。在反应生成的产物中我们可以发现一般燃烧的产物，然而，这种燃烧却没有空气中的氧分子参加，燃烧所需要的一切原子都包含在硝酸甘油分子内。

爆炸是怎样沿着爆炸物质（例如爆鸣气）传播的呢？当点燃爆炸物质时，就产生了局部加热。反应在被加热的体积中进行。然而，在反应中会放出热量。由于热传导，这些热量会传递给相邻的部分。这些热量足以使相邻的部分也发生同样的反应。这时放出的热量再传给爆鸣气的下一层相邻部分。就这样，反应是以与热传递有关的速度沿着整个燃烧物质传播的。这种传递的速度为 20 ~ 30 m/s。不言而喻，这是很快的速度。

盛有气体的 1 m 长的管子在 1/20 s 内就爆炸完，几乎是瞬时地爆炸的。可是，木柴或煤块是从表面逐层往里烧，而不是由里往外烧。它们的燃烧速度是以每分钟多少厘米来计量的，燃烧速度是前例的几千分之一。

上述这种爆炸也可以叫做缓慢的爆炸，因为还有比它快几百倍的其他爆炸。

快速爆炸是由冲击波引起的。如果某层物质的压强突然升高，则高压强的前峰从这个地方开始传播。在这种情况下我们就说有冲击波。这种波引起温度的显著突变，并一层层地传递。温度的升高引起爆炸反应，爆炸又导致压强的增大，并维持冲击波（否则，冲击波的强度将随着它的传播而很快降低）。由此可见，冲击波引起爆炸，而爆炸又维持着冲击波。

这种爆炸叫做起爆。因为起爆是沿着物质以冲击波的速度（约为 1 km/s）传播的，所以，它的确比“缓慢的”爆炸要快几百倍。

什么样的物质爆炸得“缓慢”，而什么样的物质爆炸得“迅速”呢？不能这样子提出问题：处于不同条件下的同一物质，可以爆炸得“缓慢”，也可以迅速地起爆。在有些情况下，“缓慢的”爆炸可以转变为起爆。

有些物质，例如碘化氮，在接触到麦秸，或稍微加热，或遇到闪光时就会爆炸。像三硝基甲苯这种爆炸物质，即使把它撞倒，甚至用来福枪子弹射穿它，都不会引起爆炸。为了使它爆炸，需要有强的冲击波。

有一些物质对外界的作用比较敏感。在 1921 年德国某化工厂发生悲惨事件之前，人们还不知道作肥料用的混合物——硝氨和硫酸铵是爆炸物质。当时，为了把由于长期存放被压紧了的这种混合物弄碎，使用了爆破的方法。结果，把仓库和整个工厂炸得粉碎。这个不幸事件，不能责备工厂的工程师：大约有二万多次爆破都进行得正常①，只是这一次产生了有利于起爆的条件。

有这样一些物质，它们只有在冲击波作用下才能爆炸，而在一般条件下则是稳定的，甚至不怕火，这对于爆破工程来说是很方便的。这种物质可以大量地生产和保

① 相对于如今人们对硝酸铵危险性的了解，这种操作的危险程度令人咋舌。——编者注

存。然而，为了使这些惰性的爆炸物发生爆炸，需要有爆炸源。这种有起爆作用的爆炸物质，作为冲击波源是完全必要的。

叠氮化铅或雷汞，可以作为起爆物质的例子。把一小粒这种物质放在白铁片上，并点燃它，则会引起爆炸，并会把铁片穿一个孔。这种物质的爆炸在任何条件下都是起爆性的。

如果把叠氮化铅放在次级爆炸物质的火药上，则爆炸源爆炸产生的冲击波足以使次级爆炸物质起爆。实际上是利用雷管（1 ~ 2 g 的起爆物质）进行爆炸。例如利用长的细绳（缓燃导火线）可以把雷管放在一定距离远的地方；雷管发出的冲击波使次级爆炸物质爆炸。

在很多情况下，还应该防止起爆现象。在汽车马达的发动机中，在一般条件下，汽油与空气的混合物进行“缓慢的爆炸”。然而，有时也会发生起爆。马达中有冲击波是完全不允许的，因为马达的气缸壁在冲击波的作用下会很快被击毁。

为了防止在发动机中起爆，或者采用专用汽油（辛烷值很高的汽油），或者在汽油中掺一些专门的物质——防爆剂，使冲击波不能发展。四乙铅是常用的一种防爆剂。这种物质有剧毒，所以需要告知司机，必须小心谨慎地使用这种汽油。

在设计大炮时应当注意避免起爆。在发射炮弹时，炮筒内不应当形成冲击波，否则，炮身就会被击毁。

7.3 依靠分子转化而工作的发动机

生活在二十世纪的人们，已习惯于使用各种各样的发动机。这些发动机为人们工作，使人们的力量成十倍地增长。

最简单的情况是把一种机械能转变为另一种机械能。譬如说，使风或水流推动风车（水车）旋转。

在水力发电站，水流的能量转变为轮机转动能量的过程只是中间过程。轮机使发电机转动，从而发电。关于能量的这种转换将在下面介绍。

蒸汽机正在退出历史舞台。蒸汽机车即将成为博物馆中的珍品。这是因为蒸汽机的效率太低。

这并不是说不再使用蒸汽轮机了。现在，使蒸汽膨胀的能量转化为叶轮的机械运动只是中间阶段。最后的目标是获得电能。

想要利用蒸汽锅炉或蒸汽轮机来驱动飞机和汽车显

然是没有意义的：按每马力①功率来折算，发动机和加热器的总质量实在太大。

然而，也可以避免使用不必要的加热器。在燃气轮机中直接使用由燃烧高热燃料所产生的炽热气体作为工作物质。在这些发动机中，人们利用化学反应，即利用分子的转化来获得能量。这就决定了燃气轮机比蒸汽轮机有更大的优越性。可是，为保证燃气轮机可靠地工作，必须克服更大的技术困难。

燃气轮机的优越性是很明显的：燃烧燃料的燃烧室比较小，可以把它安置在轮机外壳的下面。而可燃混合物，例如由雾状的煤油和氧组成的混合物，其燃烧的产物具有水蒸气所不可能达到的温度。在燃气轮机燃烧室中形成的热流是很强的，从而可能得到很高的热机效率。

然而，这些优越性也可能变成缺点。轮机的钢制叶片在温度高达 1 200 ℃，因而不可避免地会充满极其微小的灰粒的气流中工作。不难想象，对制作燃气轮机的材料必须提出多么高的要求。

在试制功率约为 200 马力的轻便汽车燃气轮机的时

---

①1 米制马力（hp）约等于 735.499 瓦特（W）。马力，非我国法定计量单位。——编者注

候，曾遇到了特殊的困难：轮机作得非常之小，因而通常的工程方法和一般的材料是完全不能用的。现在技术上的困难已经被克服。第一批使用燃气轮机的汽车已经诞生了，但很难说它是否有发展前途。

把燃气轮机应用在铁路运输上比较容易。燃气轮机机车——燃气涡轮机车的成功已取得公认。

然而，另一种发动机为燃气轮机（燃气轮机在其中是必要的组成部分）开辟了广阔的道路。涡轮喷气发动机，是当前喷气式飞机中的一种主要发动机。

喷气式发动机的原理很简单。混合燃料在坚固的燃烧室中燃烧；具有很大速度（当氢和氧燃烧时得到的速度为 3 000 m/s，使用其他燃料时所得到的速度要小些）的燃烧产物经过平滑的、逐渐展宽的喷口向运动的相反方向喷出。在这种速度下，即使是比较少量的燃烧产物也以很大的动量从发动机喷出。

由于喷气发动机的诞生，人类得到了实现星际航行的实际可能性。

液体喷气发动机得到了广泛的应用。一份燃料（例如，乙醇）和氧化剂（通常为液态氧）被喷注到这种发动机的燃烧室中。混合物燃烧，产生了牵引力。V–2 型高空火箭的牵引力大约为 15 tf。火箭中装有 8.5 t 的燃料和氧化剂，在 1.5 min 内燃烧完毕。这些数字已足以说明问题。液体喷气发动机只适用于在很高的高空飞行，或在地球大气层以外的空间飞行。对于在大气低层（20 km 以内）飞行的飞机来说，携带大量专用氧化剂是没有意义的，因为在大气低层有足够的氧气。但是这时就要把为了强烈地燃烧所必需的大量空气压入燃烧室。这个问题可以很自然地得到解决：把燃烧室中产生气流的一部分能量，用来使大功率的压缩机运转，借以把空气压入燃烧室中。

我们已经讲过，借助于什么样的发动机可以利用炽热气流的能量来作功。当然，这种发动机是燃气轮机。整个这种系统叫做涡轮喷气发动机（图 7.4）。在以 800 ~ 1 200 km/h 的速度飞行时，这种发动机是无与伦比的。

为了以 600 ~ 800 km/h 的速度进行远距离的飞行，人们在涡轮喷气发动机的轴上安装一个通常航空用的螺旋桨。这就是涡轮螺旋桨喷气发动机。在飞行速度约为 2 000 km/h 或更大一些的时候，被飞机冲破的空气压力是如此之强大，以致不需要压缩机了。这时，自然也不需要燃气轮机。发动机变成了粗细不匀的管子，燃料在管子严格确定的地方进行燃烧。这是直流空气喷气发动机。显然，直流空气喷气发动机不能使飞机从地面升起，它只有在以很高的速度飞行时才有工作能力。

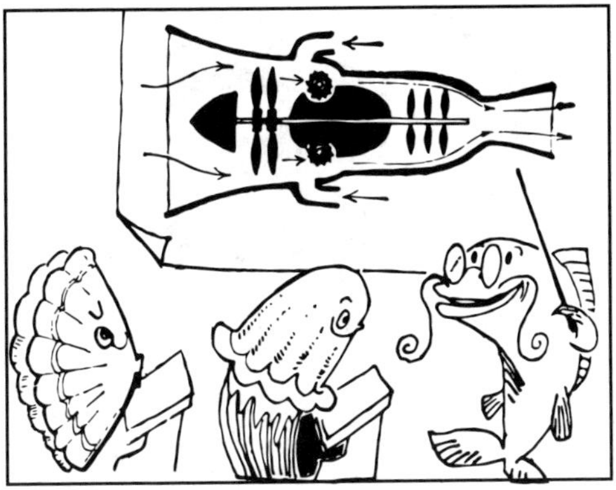

图 7.4

当飞行速度很小时，由于消耗燃料太多，所以使用喷气发动机是完全不合算的。

当在地面上、水中或空中以 0 ~ 500 km/h 的速度运动时，一般是使用活塞式汽油或柴油内燃机。按照名称来看，其中有活塞移动的气缸是这种发动机的主要部分。利用曲柄连杆机构将活塞的往复直线运动变为轴的旋转运动（图 7.5）。

活塞的运动通过连杆传递给曲柄，曲柄是曲轴的组成部分。曲柄的运动使轴转动。相反，如果转动曲柄，则会使连杆、因而也使活塞在气缸内作往返运动。

汽油机的气缸装有两个阀门，其中一个是输入燃料混

图 7.5

合物用的，另一个是为排出废气用的。为了使发动机开始工作，必须利用某种外力使它转动起来。设在某一时刻活塞向下运动，而进气阀门敞开。雾状的汽油和空气的混合物进入到气缸内。进气阀门随着发动机轴的运动而逐渐关闭；当活塞运动到最下端时，阀门完全被关闭。

这时，若继续转动轴，活塞就开始向上运动。在这个冲程中，阀门的自动装置使它们处于关闭状态，因此，燃料混合物被压缩。当活塞到达最上端时，利用火花塞电极之间的电火花点燃被压缩的混合物。

混合物燃烧起来，燃烧的产物膨胀而作功，即以很大的力迫使活塞向下运动。发动机的轴得到强大的推动力，安装在轴上的飞轮积聚起很大的动能。依靠这些能量来执行以下三个准备冲程：当排气阀门打开时，先是排气，这时活塞向上运动，作过功的气体从气缸中排出；随后再重复上述过程——燃料和空气进入气缸，压缩；然后又是新的点火。

发动机开动起来了。

汽油发动机具有的功率是从零点几个马力到 4 000 hp，热机效率可达 40%。发动机的质量与功率的比值可达每马力 300 gf。由于这些较好的指标，它广泛地应用于汽车和飞机中。

用什么方法可以提高汽油发动机的热机效率呢？主要途径是提高压缩的程度。

如果在点燃之前混合物被压缩得更厉害，则它的温度也将更高。提高温度有什么重要意义呢？可以严格证明，热机效率的最大值等于：

$$1-\frac{T_0}{T},$$

式中 T——工作物质的温度；而 T_0——周围介质的温度。

周围介质的温度不取决于我们，可是在所有情况下我们都可以尽量提高工作物质的温度。但是，前面我们讲过，当强烈压缩混合物时会引起爆炸，使工作冲程具有强烈爆炸的特点。这种爆炸会损坏发动机。

必须采取特殊的方法来减小汽油起爆的特性，这样就将大大地提高本来就不便宜的燃料价格。

提高工作冲程的温度，控制起爆和降低燃料价格等问题，在柴油发动机中都顺利地得到了解决。

按结构来说，柴油发动机跟汽油发动机很相似，但柴油发动机可以使用比汽油便宜的、低质量的石油制品。

循环是从把纯净空气吸入到气缸中开始的。然后，活塞把空气压缩到大约 20 个大气压。

用手来旋转发动机，使它达到这样强烈的压缩程度是很困难的。因此，要使用专用的起动马达。通常是用汽油发动机或压缩空气来发动柴油机。

当强烈压缩时，气缸中空气的温度升高，直到足以点燃燃料混合物的温度。然而，怎样把燃料混合物送入高压的气缸中呢？这里不能使用阀门，而是用喷油嘴代替阀门。高压的燃料通过很小的小孔被压入气缸，遇到气缸中的高温高压空气时即被点燃。这就排除了汽油发动机所具有的起爆危险。

由于消除了起爆危险，使得有可能建造拥有几千马力的低速轮船。自然，它所占的体积是相当大的，但它仍比一个由蒸汽锅炉和轮机组成的机组更为紧凑。人们有时候把使用柴油机的轮船叫做内燃机船。

在柴油机和螺旋推进器之间装有直流发电机和电动机的船，叫做“柴油发电机电动船”。

柴油机车——当前在铁路上广泛使用的内燃机车，也是根据同样的原理制成的。因此，可以把它叫做“柴油发电机电动车”。

活塞式内燃机借用了正在退出历史舞台的蒸汽机中的主要部件：气缸、活塞，以及利用曲柄连杆使直线运动变为转动的装置。所以，可以把蒸汽机叫做“活塞式外燃机”。正是因为蒸汽机是笨重的蒸汽锅炉与把平动变为转动的笨重系统的结合，所以它丧失了与现代化发动机竞争的可能性。

近代蒸汽机的热机效率可达到 10%。现在被撤换下来的蒸汽机车所生产的水蒸气有 95% 都未作功而浪费掉了。

这个“最高纪录的”低效率是不可避免的。安装在机车上的锅炉的性能比固定锅炉的性能更坏。

为什么蒸汽机能够在相当长的时期内，在运输上具有这样广泛的应用呢?

除了是由于墨守习惯以外，还因为蒸汽机具有很好的牵引特性。原来，为移动活塞需花费的力越大，水蒸气对它的挤压力也就越大。也就是说，在困难条件下蒸汽机给出的旋转力矩增大，这一点在运输工作中是很重要的。但是，不言而喻，即使在蒸汽机中不必有复杂的传动系统，这也不能抵偿它的根本性缺陷——低效率。

这就是蒸汽机被其他发动机排挤的原因。

第八章 热力学定律

8.1 能量守恒

热力学定律是自然界的重要定律。如此重要的定律是屈指可数的。

科学，当然也包括物理学，其主要目的是探索自然界所遵循的定则、规律、一般定律、重要定律。这种探索是从观察或实验开始的。因此说，我们所有的知识都带有经验的或实验的特点。观察之后应当进行总结概括。通过艰苦的劳动，思考，计算，从而恍然大悟，发现自然界的定律。然后，进入第三个阶段：根据这些一般性的定律推导出严格的逻辑结论，和可以用实验验证的局部性定律。顺便说一下，这就叫进行解释。解释——这意味着把局部归入一般。

显然，科学界都希望把自然界的定律归结到尽可能少的几条假设上去。物理学家们孜孜不倦地寻求这种可能性，力图用仅仅几行优美的公式来概括地表示我们所知道的关于自然界的全部知识。爱因斯坦大约用了三十年的时间试图把引力场和电磁场统一起来。但这个目的能否达到，还要等待将来才能作结论。

热力学定律是些什么呢？一般说来，简短的定义往往不很准确。但是，如果我们说热力学是关于物体交换能量时所遵循的规律的学说，则这种说法确实是最接近事物本质的。然而，关于热力学定律的知识已经使我们可以用严密的逻辑方法（数学方法）求出物体的热性质和力学性质之间的关系，使我们可以建立涉及物体状态改变的一系列重要规律。在物理学中很吸引人的这一章的最精确的定义却是很平庸的：热力学——这是关于热力学第一定律和第二定律知识的总和。

早在物理学家们还不善于运用分子概念的时候，热力学第一定律就以简单和生动的形式表达出来了。这种表达方式不要求我们“深入”到物体的内部，它叫做表象的描述方式。热力学第一定律是能量守恒定律的修正和扩展。

我们已经知道，物体具有动能和势能。在封闭系统中，这些能量的总和——总能量，既不能消灭，也不能创造。能量是守恒的。

如果不涉及天体的运动，则大概可以不夸张地说，在任何现象中的机械运动都必然伴随有使周围物体发热或冷却的现象。当物体的运动由于摩擦而停止下来的时候，物体的动能似乎减少了。然而，这只是一种错觉。事实上可以证明，守恒具有绝对准确的意义：物体的机械能都消耗在使周围介质发热上了。然而，用分子的语言应当怎样来表达呢？可以这样说：物体的动能转变成了分子的动能。

好吧！如果我们用杵捣研钵中的冰块将会发生什么情况呢？这时，温度计总是指示 0 ℃，似乎是机械能消失了。在这种情况下，机械能跑到哪儿去了呢？其实我们很清楚：冰转变成了水。这就是说，机械能消耗在割断分子之间的联系上了，即改变了分子的内能。每当我们以为物体的机械能消失了的时候，最后都不难发现这只是我们的错觉，实际上是机械能转变为物体的内能了。

在封闭系统中，一些物体可以损失内能，而另外一些物体可以得到内能。但是，所有物体的内能与机械能的总和，对于该系统来说，是恒定不变的。

我们暂不考虑机械能，下面分别讨论两个时刻。在第一个时刻几个物体处于静止状态，然后由于外因发生了某些事件，到第二个时刻几个物体又重新处于静止状态。我们已经知道：系统中所有物体的总内能总是保持不变的。但是，一些物体损失了能量，另外一些物体获得了能量。发生这种情况可以通过两种途径。或者，一个物体对另外的物体作功（例如，压缩它或拉伸它）；或者，一个物体把热量传递给另外的物体。

热力学第一定律断言：物体内能的变化等于对它作的功和传递给它的热量的总和。

热量和功是一个物体对另一个物体传递能量的两种不同方式。热量的传递是由于分子间无秩序的碰撞而发生的。在传递机械能时，物体的分子整齐地“排好队”把能量交给另一个物体。

8.2 怎样使热作功?

在这一节里我们将不太严格地使用热这个词。正如刚才所说的，热是能量传递的一种方式。因此，说得更正确点，应当这样来提出问题：怎样使热能（即分子运动的动能）作功？但是，“热”这个词简单明白，并且已经用惯了。我们希望，如果我们使用热这个词（它将含有刚才定义的热能的意思），读者不会感到含意不明确。

在我们周围有取之不尽的热能。但是，所有这些分子运动的能量对我们都是完全无益的：它不能转变为功。任何人也不能把这种能量当作备用动力。下面我们来阐明这一点。

偏离平衡位置摆动的单摆迟早要停下来；用手拨一下躺倒的自行车车轮，车轮可以转很多圈，但最后也要停下来。任何事物都不能违反下述的重要规律：一切没有外力支持的运动物体[①]，最后都要停下来。

如果有两个物体——一个是热的，另一个是冷的。热将从第一个物体向第二个物体传递，直到温度平衡为止。这时，热传递停止，物体的状态不再改变。建立了热平衡。

物体自动地离开平衡状态的现象不可能发生。装在轴上的车轮不可能自动地旋转起来，放在桌子上的墨水瓶也不可能自动地热起来。

趋向平衡表示事件中包含有自发的过程：热从热的物体向冷的物体传递，但不能自动地从冷的物体向热的物体传递。

由于空气的阻力和悬线中的摩擦，振动着的单摆的机械能可以转变为热能。然而，在任何条件下，单摆也不能依靠周围介质的热量而开始摆动起来。物体总是趋向于平衡状态，但不能自动地背离平衡状态。

自然界的这个规律表明：我们周围能量的某一部分是

---

① 不言自明，这里是指作为一个整体参与匀速直线平动和匀速转动的孤立物体体系。

完全无用的。这是处于平衡状态的一些物体分子热运动的能量。这些物体不能把自己本身的能量转变为机械运动。

这部分能量是很大的。让我们计算一下这些“死的”能量的量值。如果温度降低 1 ℃，则每 1 kg 热容量为 0.2 kcal/kg 的泥土就要放出 0.2 kcal 的热量。这个数字相对来说是不大的。然而，我们再估算一下对于质量等于地球质量（6×10^{24} kg）的物质，如果温度降低 1 ℃，则我们将得到多少能量？我们将得到一个极其巨大的数字：1.2×10^{24} kcal。为了使读者便于想象这个量值有多大，让我们对比一下：目前全世界的发电站每年发出的能量为 $10^{15}\sim10^{16}$ kcal，这只是地球降温 1 ℃ 所放出能量的十万万分之一。

这类计算对知识不多的发明家起着催眠作用，这是不必感到奇怪的。前面我们讲到过关于制造不消耗什么而能作功的永动机的尝试。利用由能量守恒定律导出的物理原理，不可能通过制造永动机（现在我们把它叫做第一类永动机）而驳倒这个定律。

另外有一些比较聪明的发明家，他们制造的永动机是利用周围介质的冷却而产生机械运动，他们也犯了这种错误。人们把这种不可能实现的发动机叫做第二类永动机。这是犯了逻辑上的错误，因为这些发明家所依据的物理定律本身就是从关于所有物体都竭力趋于平衡状态的规律而推论出来的，可是他们又要利用这些定律去推翻它们的基础。

总之，单单是消耗周围介质的热量，是不能作功的。换句话说，彼此处于平衡状态的物体体系，不能互相作为能源。

这就是说，为了获得功，必须首先找到跟其相邻物体不处于平衡的物体。只有这样，才能实现使热从一个物体向另一个物体传递的过程，或使热转变为机械能的过程。

产生能流是获得功的必要条件。在能流的“道路”上，使物体的能量转变为功是可能的。因此，只有跟其周围介质不处于平衡状态的物体的能量，才是对人类有用的能量。

我们所阐明的这个规律——制造第二类永动机的不可能性，叫做热力学第二定律。到目前为止，我们是用唯象理论的形式表达它的。但是，因为我们知道物体是由分子构成的，并且知道内能是分子动能和势能的总和，所以，我们不很清楚从哪儿突然冒出了一个“附加的”定律。为什么利用分子的能量守恒定律不足以理解有关的一切自然现象？

简单地说，很自然地产生了一个问题，为什么分子的行为总是自然地趋向平衡?

8.3 熵

这个问题很重要，也很有趣。为了阐明这个问题，必须从离题较远的地方谈起。

日常生活中经常碰到的事情到处发生，它们是概率很大的事件。相反，人们把只是在巧合时才发生的稀有事件看作概率很小的事件。

概率很小的事件不需要任何超自然力的出现。偶然发生的事件谈不上“不可能”，也谈不上与自然定律的矛盾。然而，在许多情况下我们完全确信，概率很小的事件实际上就是不可能发生的事件。

让我们看一看中彩的彩票号码登记表。统计一下，有多少张彩票的号码最后一个数字是 4，或 5，或 6。你将会发现，无论是以哪一个数字结尾，每一种彩票都约占总的中彩票数的十分之一，这一点也不值得奇怪。

如果有人问你，最后一个数字为 5 的彩票非得占彩票的十分之一，而不能占五分之一吗？你会说，这种概率很小。那么，是否可能占彩票总数的一半呢？你马上会说，这种概率太小，也就是说，这是不可能的。

为了能说某一事件是可能发生的，需要什么条件呢？我们可以得出下列结论：事件可能发生的概率取决于它能够实现的方法的数目。方法的数目越多，这种事件出现的可能性越大。

说得更确切点，概率是实现某一事件的方法数目跟实现所有可能事件的方法数目的比值。

在 10 张硬纸片上分别写上 0 到 9 的数字，并把它们放在小口袋里。现在，请抽出 1 张小纸片，记下号码，再把它放回去。这跟中彩一样。可以很有把握地说，你不可能连续几次，例如 7 次，抽出同一数字的小纸片，甚至你用整整一个晚上都干这种单调的事也达不到目的。为什么？7 次抽出同一数字——实现这个事件总共有 10 种方法（7 个 0，7 个 1，7 个 2，等等）。而抽出 7 张小纸片的可能方法共有 10^7 种。因此，连续 7 次抽出同一数字的小纸片的概率等于 $10/10^7 = 10^{-6}$，即只有百万分之一。

如果把一些黑色和白色的小豆粒倒在小箱子里，并用小铲子把它们搅混在一起，则豆粒很快就均匀地分布在整个小箱子内。随便抓出一把，我们会发现，其中黑色和白色豆粒的数目大体上相同。无论怎样搅拌，结果总是一样的——保持均匀性。然而，为什么两种颜色的小豆粒不分开呢？为什么无论怎样搅拌，也不能使黑色的小豆粒浮到上面，使白色的小豆粒沉到下面呢？这也是一个概率问题。小豆粒无秩序地分布，即黑色和白色的小豆粒均匀混合的这种状态，可以有很大数目的方法来实现，因此，它具有极大的概率。相反，所有白色小豆粒都在上面，而所有黑色小豆粒都在下面的这种状态，是唯一的。因此，实现它的概率是极其微小的。

我们很容易从小箱子里的小豆粒想象到构成物体的分子。分子的行为服从随机规律。气体分子的行为特别明显。我们知道，气体分子彼此无秩序地碰撞，时而以这个速度，时而以另外的速度在所有可能的方向上运动。这种永不停息的热运动不断地重新安排分子，就像小铲子搅拌箱中的小豆粒那样，把分子搅混。

我们居住的房间里充满着空气。为什么在任何时刻也不可能发生房间里下一半的分子都跑到上一半（即跑到天花板底下）去呢？这个过程不是不可能的——只是它的概率非常非常小。概率非常小，这句话是什么意思呢？即使出现这种现象的概率比分子无秩序地分布的概率的十亿分之一还小，也总会有人遇到。这样说来，我们有可能会遇上这种情况啰？

计算表明，对于体积为 $1\ \text{cm}^3$ 的容器来说，出现这种事件的概率等于 $1/(10^3 \times 10^{19})$。所以，上面所说的“非常小的概率”和“不可能的”这两个词，实际上是没有什么区别的。要知道，$10^3 \times 10^{19}$ 这个数字是大得不得了的；即使把它除以不仅地球上的，而且是整个太阳系的原子数，则它仍然还是一个巨大的数字。

气体分子是处于什么样的状态中呢？是处于最大概率的状态中。所谓最大概率的状态就是实现这种状态的方法的数目最多，即分子处于无秩序分布的状态。此时，向右、向左、向上和向下运动的分子数大致是相同的；每单位体积中都有相同的分子数；在容器的上面部分和下面部分中，运动快的和运动慢的分子数比例都相同。对这种无序，即对按位置和按速度均匀和无秩序分布的任何偏离，都与概率的减小有关，或简言之，都是概率最小的事件。

相反，与建立从有序变为无序状态有关的现象（例如搅拌）会增大状态的概率。这些现象将规定事件的自然进程。关于为什么第二类永动机是不可能的，为什么所有物体都趋向于平衡状态的原因，可以由此得到解释。为什么机械运动会转变为热运动呢？这是因为机械运动是有序的，而热运动是无序的；因为从有序变为无序会提高状态的概率。

物理学家们把表征有序程度的，可以通过简单的公式与建立某种状态的方法的数目联系起来的量，叫做熵。我们不准备介绍这些公式，只是告诉读者：概率越大，熵也越大。

我们现在所讨论的自然界规律表明：所有的自然过程都是朝着状态概率增大的方向进行的。换句话说，这个自然界的规律可以用熵增加原理来解释。

熵增加原理是自然界中最重要的规律之一，由它可以导出关于制造第二类永动机是不可能的结论。熵增加原理就是热力学第二定律，只是在表述的形式上不同，但内容是相同的。最重要的是：我们用分子的观点解释了热力学第二定律。

在某种意义上来说，把这两个定律归结为同一个东西是不完全合适的。能量守恒定律是绝对的定律。而熵增加原理，则正如前面所说的，它只适用于粒子数足够多的粒子群；对于个别一些分子来说，根本谈不上熵增加原理。

热力学第二定律的统计特性（这意味着所涉及的是拥有大量粒子的群）一点也没有减低它的意义。熵增加原理预先规定了过程的方向。在这个意义上来说，可以把熵看作天然财富的经理，而能量是它的会计员。

8.4 涨落

总之，自发过程把系统推向最大概率的状态——推向熵增加的方向。当系统的熵达到最大值时，就达到了平衡状态。

但是，这完全不意味着分子都处于静止状态。系统内部进行着强烈的活动。因此，严格地说，任何物体在每一瞬时都“不再是过去的自己”，物体分子间的相互位置每时每刻都在发生变化。由此可见，所有物理量的值都是“平均值”，它们并不严格地等于最大概率的数值，而是在这个数值附近变动。相对于平衡状态的数值，即相对于最概然值的偏离，叫做涨落。各种涨落的量值是极其微小的。涨落的量值越大，它的概率就越小。

相对涨落的平均值，即我们所关心的物理量由于分子的热运动而可能改变的范围，大致可以表示为 $1/\sqrt{N}$，式中 N——所研究的物体或它的一部分分子数。由此可见，对于由不多的分子所组成的系统来说，涨落是可以觉察的；而对于包括亿万个分子的大物体来说，涨落是完全觉察不到的。

公式 $1/\sqrt{N}$ 表明，在 $1\ \mathrm{cm}^3$ 的气体中，密度、压强、

温度，以及任何其他性质，都可以改变 $1/\sqrt{3\times10^{19}}$，即大约在 $10^{-8}\%$ 范围内。这个涨落数值实在太小，很难用实验来发现它。然而，在 1 μm³ 的体积中，情况就完全是另外一回事了。这时，$N=3\times10^{7}$，因而使涨落达到可以测量的数值，数量级为万分之一。

涨落引起从较大概率的状态向较小概率状态的过渡，从这个意义上来说，涨落是“不正常的”现象。在涨落的时候，热从较冷的物体向较热的物体传递，分子的均匀分布被破坏，产生了有序运动。

也许，利用这种“不正常的”情况能够制成第二类永动机?

例如，让我们设想有一个放在稀薄气体中的小轮机。能否这样安排，使这个小机器对某一方向上的一切涨落都作出反应呢？例如，当向右运动的分子数变得比向左运动的分子数多时，机器就扭转一下。可以把这些微小的扭动累积起来，达到作功的目的。这样就推翻了关于第二类永动机不可能实现的原理。

但是，这种装置原则上是不可能实现的。详细的研究表明，轮机本身具有固有的涨落。轮机的尺寸越小，其固有涨落越大。研究表明：涨落根本不可作任何功。尽管在我们周围趋向平衡的趋势不断地遭到干扰，但这些干扰也不能改变自然过程朝着增大概率的状态的进程，即不能改变朝着熵增加方向的确定不移的进程。

8.5 热力学定律是谁发现的?

这不是一个人的功劳。热力学第二定律有自己的发展史。

这跟热力学第一定律的发展史一样，首先应该提到法国人卡诺的名字。他在 1824 年自己出资印刷出版了题为《论火的动力》的论文。在这篇论文中他第一个指出：不消耗功，热是不能从冷的物体传给热的物体的。卡诺还指出，热机的最大效率只取决于热源和周围冷介质的温度差。

只是在卡诺死后，这篇论文才引起了其他物理学家们的注意。然而，由于卡诺的所有文章都是基于承认有不可消灭、也不可创造的所谓“热素”存在，所以，就阻碍了他对科学发展的进一步影响。

在建立热功当量定律的迈耶、焦耳和亥姆霍兹的论文发表之后，伟大的德国物理学家克劳修斯（1822—1888）得出了热力学第二定律，并用数学形式把它表达出来。克劳修斯引入了熵的概念，并指出了热力学第二定律的实质可以归结为在所有现实过程中熵必然增大。

由热力学第二定律可以导出所有物体（不论它们的结构如何）都应该遵循的一系列普适规律。然而，还剩下一个问题：怎样寻找物体结构与它的性质之间的关系？统计物理学研究这个问题。

显然，为了计算描述由亿万个粒子所组成系统的物理量，必须采用全新的处理方法。要知道，跟踪所有粒子的运动，并利用牛顿力学的公式来描述这个运动，不用说是绝对不可能，而且也是毫无意义的。然而，正是由于粒子的数量极大，研究这些物体才可以应用新的“统计”方法。这种方法广泛地应用了关于事件概率的概念。统计物理学的奠基人是卓越的奥地利物理学家玻尔兹曼（1844—1906）。玻尔兹曼在他的一系列论文中演示了这种统计方法在气体中的具体应用。

1887 年玻尔兹曼对热力学第二定律的统计性解释是这些研究合乎逻辑的结果。在玻尔兹曼纪念碑上刻有熵和系统状态概率的关系式。

玻尔兹曼为理论物理学开辟了全新的道路。他的这一科学功绩是难以估量的。在玻尔兹曼活着的时候，他的研究遭到了保守派德国教授们的嘲笑。当时，还有许多人认为原子和分子的概念是幼稚和不科学的。玻尔兹曼以自杀结束了自己的生命。无疑，环境对他的压力是他自杀的重

克劳修斯（1822—1888）——著名的德国理论物理学家。克劳修斯第一个清楚地表述了热力学第二定律：在 1850 年，表述的形式是热不可能自动地从较冷的物体传到较热的物体；而在 1865 年，他引入了熵的概念来表述。克劳修斯是最先研究多原子气体的热容量和热传导问题的人之一。克劳修斯在气体分子运动论方面的工作促进了物理过程统计概念的发展。电和磁现象的一些有趣的成就也属于克劳修斯。

要原因之一。

统计物理学的体系，在很大程度上是由杰出的美国物理学家吉布斯（1839—1903）完成的。吉布斯总结了玻尔兹曼的方法，并指出了怎样才能把统计学的处理方法推广到所有物体中去。

吉布斯的最后一篇论文是在二十世纪初问世的。他是一位很谦逊的科学家，他在一所不大的省立大学的校刊上发表了自己的论文。十多年以后，他卓越的研究成果才为所有物理学家们知晓。

统计物理学指出了一些方法，根据这些方法可以计算出由一定数量的粒子所组成物体体系的性质。当然，不应该认为这些计算方法是万能的。如果物体中原子运动的特征很复杂，例如在液体中的情况，则这种计算实际上是不能实现的。

第九章 大分子

9.1 原子的链

化学家和工艺师们早就遇到过由长分子（其中的原子是以小链子似的东西联系着的）所组成的天然物质。一些广泛地分布着的物质，像橡胶、纤维素、蛋白质等，都是由数千个以上的原子所组成的链式分子。关于这种分子结构的概念是在二十世纪二十年代产生和发展起来的，当时化学家们学会了在实验室里制取这种长分子。

人工橡胶的诞生，是获取长分子物质的最初几步之一。这项出色的工作是在 1926 年由苏联化学家 C. B. 列别捷夫完成的。由于苏联没有天然橡胶，所以当时制造汽车轮胎成了非常紧迫的问题，而轮胎是用橡胶制成的。

在巴西的热带丛林中生长着一种三叶胶树，它流出的乳状汁是橡胶的悬浮液。印第安人用橡胶制成球，也用它制作鞋。但是，在 1839 年，欧洲人学会了对橡胶加硫炼制。用硫磺加工橡胶时，得到的不是有黏性和有流动性的橡胶，而是有弹力的橡皮。

起初，人们对橡胶的需求量是不大的。现在，人类每年需要几百万吨橡胶。三叶胶树只能在热带的丛林中生长。所以，如果要摆脱进口，就必须在工厂里制造橡胶。

当然，为此就需要知道这种橡胶是什么。在列别捷夫开始工作以前，已经知道了橡胶的化学式：

$$
\begin{array}{ccc}
CH_2\!-\!CH_2 & CH_2\!-\!CH_2 & CH_2\!-\!CH_2 \\
\diagdown\ \diagup & \diagdown\ \diagup & \diagdown\ \diagup \\
C\!=\!CH & C\!=\!CH & C\!=\!CH \\
| & | & | \\
CH_3 & CH_3 & CH_3
\end{array}
$$

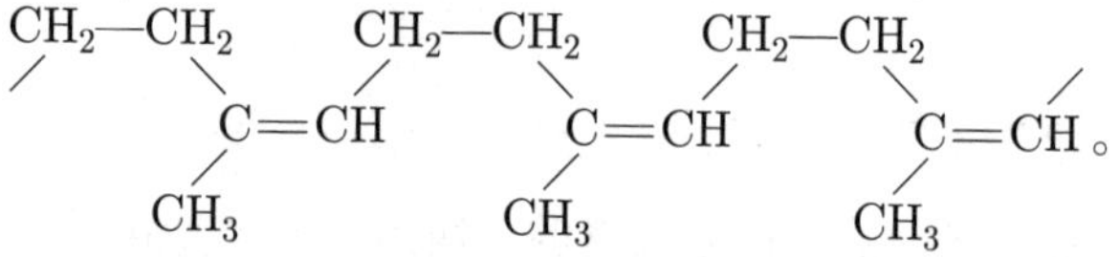

这里所画的链既没有头也没有尾。我们看到，分子是由一些相同的部分组成的。因此，可以把橡胶的化学式简写为如下形式：

$$
\left[\begin{array}{c}
-CH_2\!-\!C\!=\!CH\!-\!CH_2- \\
| \\
CH_3
\end{array}\right]_n \text{。}
$$

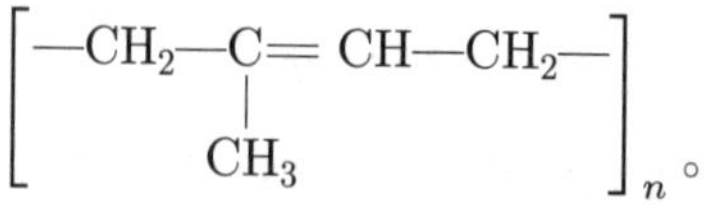

其中的数 n 高达几千以上。由一些相同的部分所构成的长分子叫做聚合物。

现在，在工程技术和纺织工业中，大量的合成聚合物获得了极其广泛的应用。有尼龙，聚乙烯，卡普隆（己内酰胺），聚丙烯，氯丁橡胶和许多其他聚合物。

聚乙烯分子的结构是最简单的。如果最大限度地拉长聚乙烯的分子，则它具有如图 9.1 所示的形式。从图中可以看出，物理学家们已经能够测出原子间的距离和价键之间的夹角。

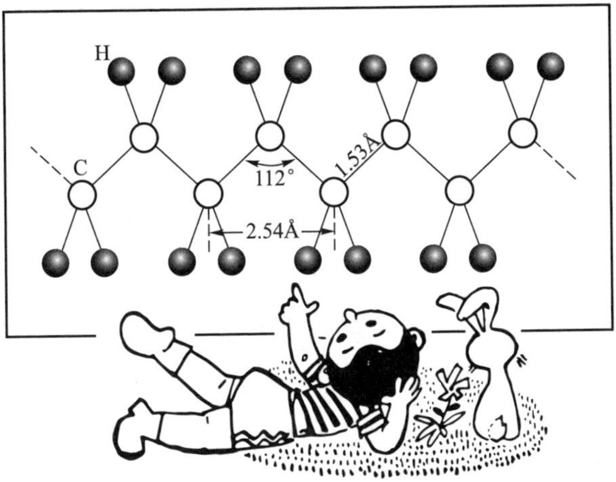

图 9.1

长分子不一定是聚合物，即不一定是由一些重复的部分所构成的。化学家们学会了“设计”由两种或更多种不同部分所构成的分子。如果这些部分是按照一定的顺序轮换的，譬如按照 *A B A B A B A B A B* 的顺序轮换，则这种分子仍然可以叫做聚合物。但是，我们经常遇到没有这种规律性的分子。能不能把 *A B B B A B A B A A A B B B B A B A B A A B B A* 这种分子叫做聚合物的分子呢？关于这个问题可以各抒己见，没有必要争论。

人们很少把天然的蛋白质分子叫做聚合物。蛋白质是由 20 个不同种类的小块构成的。这些小块叫做氨基酸。

蛋白质分子和由一些无秩序地排列的小块所构成的合成分子之间，有一种本质上的差别。在合成的聚合物小块中没有两个相同的分子。构成链式分子小块的无秩序排列，在一个分子中是一种，而在另一个分子中是另一种。在多数情况下，这种情况对聚合物的性质起坏的作用。因为，既然分子彼此不相同，它们就不可能很好地组合在一起。原则上是不能由这些分子构成晶体的。这种类型的物质构成非晶形的玻璃状物体。

在最近数十年里，化学家们学会了制造有规律性的聚合物，因而使工业界能够生产很多新的贵重材料。

至于一定品种的天然蛋白质（譬如，牛的血红蛋白），它们的分子虽然是无秩序地排列的，但它们都是相同的分子。可以把某一品种的蛋白质分子与一页书相比较：字母是一个接一个地偶然出现的，但，完全有确定的顺序。所有的蛋白质分子相当于同一页书的许多复印件。

9.2 分子的柔性

可以把长分子与钢轨相比较。在 0.1 mm 的长度上可以容纳有 10^6 个原子。聚乙烯分子的横向大小为 $3 \sim 4$ Å。这样，分子的长度比横向宽度要大几十万倍。因为铁轨的粗细约为 10 cm，所以，长的分子看起来像是一根 10 km 长的钢轨。

当然，这并不是说没有机会遇到短的分子。一般说来，如果不采取特殊的措施，则在聚合物的物质中，我们会看到不同长度的分子，从由几个环节组成的分子，到由几千个环节组成的分子。

总之，长分子很像钢轨。但不完全相似。钢轨很难弯曲，而长分子很容易弯曲。高分子的柔性跟柳树枝的柔性不相似。它是由一切分子的特性所产生的：如果分子是由所谓一价的键联系着的，则分子的一部分可以绕着分子的另外一部分旋转。不难想象，由于这个特性，聚合物的分子可以取各种稀奇古怪的形状。图 9.2 所示的是在三种情况下柔软分子的模型。如果分子浮在溶液中，则它多半都卷成一团。

拉长橡皮绳就是使分子展开。聚合物的弹性跟金属的

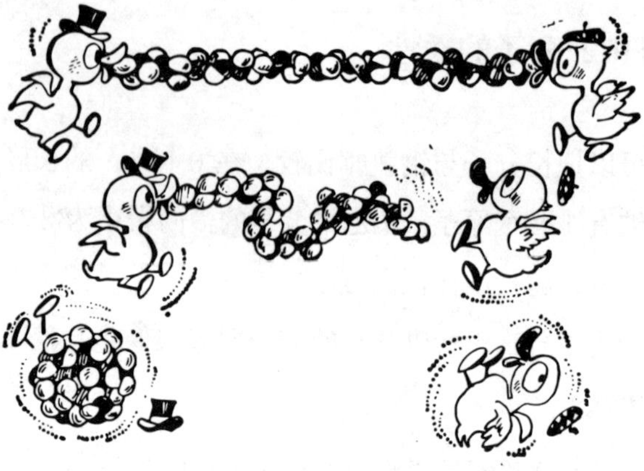

图 9.2

弹性不同，具有完全不同的性质。如果放开被拉伸的橡皮绳，则它就缩短。这就是说，分子力图从线状转变为团状。这是什么原因呢？可能有两个原因：第一，可以假设缩成团状在能量上是比较有利的；第二，可以假定缩成一团会促使熵增大。那么，究竟是热力学的哪一条定律支配着这些行为？——是第一定律还是第二定律？应该认为两条定律都有作用。但是，毫无疑问，从熵的观点来看，团状也是有利的。原来，在缩成一团的分子中，原子的排列情况比在拉长的分子中的情况更加无序。而我们知道，无序和熵是近亲。

9.3 球状晶体

缩成一团，或像通常所说的，缩成球状，这一特性是许多分子所特有的。蛋白质分子形成非常整齐的、彼此完全一致的球状体。这里有一个微妙的原因。问题在于蛋白质分子包含喜欢水和不喜欢水的这样两部分。不喜欢水的部分叫做疏水部分。蛋白质分子卷曲时总是表现出这样一种倾向：疏水部分必须隐藏在球状体内部。正是由于这一原因，所以蛋白质分子在溶液中总是呈球状，并且这些球状体彼此极其相似，就像孪生兄弟那样。

蛋白球在不同程度上呈球形，其线度为 100 ~ 300 Å，用电子显微镜不难看到它。早在几十年前，当电子显微镜技术还十分薄弱时，就已获得了球状晶体的第一批电子显微镜照片。烟草毒粒比蛋白质复杂。但是，为了以实例说明我们的意思——生物球状体力图以很高的秩序排列，这个例子是完全合适的。

但是，为什么作者不引用蛋白质晶体的照片？原因如下。蛋白质晶体是很不寻常的晶体。它包含大量的水分（有时达到 90%）。用电子显微镜拍摄它们是不可能的。必须在溶液中对蛋白质晶体进行处理，才能对它们进行研究。在小烧瓶里放入溶液和蛋白质单晶体，就可以用各种物理方法（包括利用我们曾不止一次地谈过的 X 射线结构分析法）对它进行研究。

虽然包含大量水分（最普通的水，例如自来水），这些蛋白质球状分子仍然严格有序地排列着。对于所有分子来说，它们对晶体轴的取向都是相同的。我们前面已经讲过，分子本身都是相同的。这种极好的有序可以被用来测定蛋白质分子的结构。这个工作是很难做的。世界上第一个测定蛋白质（血红蛋白）结构的科学家是佩鲁茨，他获得了诺贝尔奖。

目前已经知道大约一百种蛋白质分子的结构。研究工作还在继续进行。在生物体中总共大约有一万种不同的蛋白质。生物体组织的活动取决于蛋白质是怎样卷缩的，各种氨基酸是以什么样的顺序一个接一个地排列的。毫无疑问，测定蛋白质分子结构的工作将继续进行下去，直到完全弄清楚决定生命过程的一万种分子的结构为止。

9.4 分子束

如果分子能够很好地保持最大拉伸状态，则固态的聚合物材料可以形成具有同一性质的各种十分复杂的结构。

固体中，在不同程度上将出现这样一些部分，其中分子与分子彼此相互邻接，像一捆铅笔那样。

根据物体中这种一束束的部分所占百分比的不同，以及根据形成这种束状部分分子的排列整齐程度如何，聚合物可以具有不同的“结晶度”。大多数的聚合物不能简单地分为非晶状和晶状的两类。这丝毫没有什么可奇怪的，因为所谈到的是巨大的，况且一般是不相同的分子。可以粗略地把聚合物中有序的（“晶状的”）部分分为三类：束状结构，球粒结构和结晶体结构。

聚合物的典型微观结构如图 9.3 所示。这是聚丙烯薄膜放大 400 倍的照片。图中的星状图形像一种结晶体结构。当聚合物冷却时，从星的中心开始增长球粒结构。然后，一些球粒相遇，因而不能得到理想的球形（如果能够观看单个球粒的生长，则的确会看到球形，所以“球粒”的名称是名副其实的）。在球粒内部，长分子安置得相当整齐。最方便的是把球粒想象为整齐地盘绕起来的粗绳。分子束起着粗绳的作用。由此可见，分子的长轴垂直于球粒的半径。在同一照片上，我们看到呈薄片状的部分。这可能是分子束，也可能是分子的结晶体结构。看来，存在此类的晶体是有意思的，并且是属于聚合物结构的绝对可靠事实。

图 9.3

在二十年前，曾作出了以下著名的发现。从溶液中曾析出了各种聚合物质的小结晶体。使研究者们大为吃惊的是，从不同的石蜡溶液中生长出来同样的、其表面像螺旋状阶梯的小晶体。晶体的这种螺旋阶梯式的生长使人联想起花样点心上的图案（图 9.4）。可是，为什么会出现这种花样呢？

在第四章第九节（《晶体是怎样生长的？》）谈到晶体生长时，我们曾回避了一种情况。让我们设想，正在生长的晶体表面上布满了原子。于是就再不会有什么地方能够足够强烈地吸引其他原子了。可以计算，按照这种情况，晶体生长的速度应当比实际上观察到的生长速度难以想象地慢。晶体中存在有螺旋状的位错，是摆脱困难的出路。如果有螺旋状位错，则晶面的生长是这样进行的：被原子

图 9.4

占据有利地位的小阶梯，无论什么时刻也不会生长。当物理学家们发现螺旋位错时，都轻松地松了一口气。他们懂得了生长速度为什么是这样的；像前面所说的石蜡的情况的实质也弄清楚了。这种螺旋锥体是经常可以看到的。它们的存在一点也不值得奇怪。

如果谈到的是由小分子所构成的晶体，则没什么可奇怪的。对于这种晶体的解释是这样的：分子的大小、阶梯的高度、晶体的粗细——所有这些数据，彼此是没有矛盾的。

但是，当发现了聚合物的这种情况之后，起初可能会感到陷入了绝境。问题在于：聚醚层的厚度等于 100 ~ 120 Å，而分子的长度等于 6 000 Å。从这些数字可以得出什么结论呢？结论只有一个——在这些晶体中，分子都是叠起来的。由于分子具有柔性，所以不难使它弯曲折叠。因此，剩下的只是需要进一步思考如下的问题（至今这种思考还在继续进行）：图 9.5 所示的三种模型中哪一种最好。当然，它们之间的差别是次要的。可是，专家不高兴了。"为什么是次要的呢？"他说，"在最上面的模型中，分子是随便地弯折起来的，乱七八糟，像一堆弯曲的短铁丝。在第二种模型上，分子像整齐地弯曲成波浪形的长绳，各段之间相互为邻，排列得很整齐。第二和第三种模型的差别是：在第二种模型中，晶体的表面比第三种模型中晶体的表面要平滑些。"

专家的意见是对的。聚合物长分子是如何安置的，这个问题具有特别重要的意义，它从根本上影响该物质的性质。虽然在几十年前已经合成了聚乙烯、尼龙和其他材料，但是，对它们分子结构的研究和这种分子结构是怎样形成的问题，现在仍是许多科学家研究的课题。

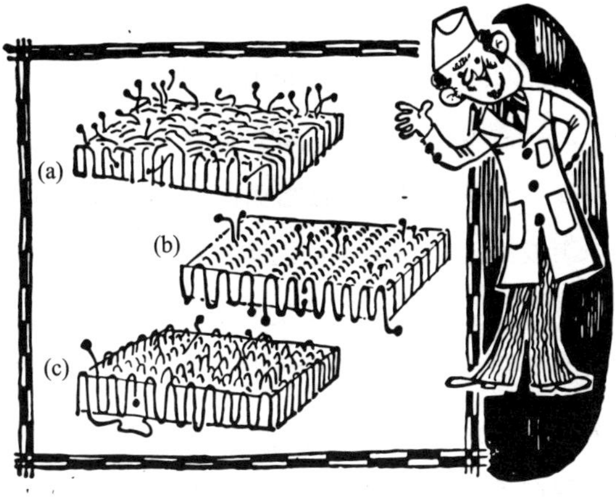

图 9.5

9.5 肌肉的收缩

现在，让我们通过一个例子来说明大分子在生物体内是怎样工作的，借以结束关于大分子的讨论。

生物学家们认为自己的任务是：解释各个生命器官的形状，例如手或树叶的形状，跟该器官功能的对应关系。

为了研究在生物组织内发生的过程，物理学家们决定采用研究物质结构的方法，并利用自然规律，以便尽可能在分子的水平上弄清楚生命现象。今天我们已经能够对生物组织的结构进行非常详细的研究。把结构弄清楚以后就有可能提出生命活动的模型。

肌肉收缩理论的建立是一项非常重要的成就。肌肉的纤维是由两种类型的丝状物，即细的丝状物和粗的丝状物所组成的［图 9.6(a)］。粗的丝状物是由叫做肌球蛋白的蛋白分子组成的。物理学家们已经查明：肌球蛋白分子是杆状的，杆端较粗。在粗的丝状物中，分子的尾部都会聚在中心［图 9.6(c)］。细的丝状物是由肌动蛋白组成的，肌动蛋白的结构像是两串珠子，它们构成一条双螺线。肌肉收缩的机理在于：粗的丝状物插入细的丝状物。

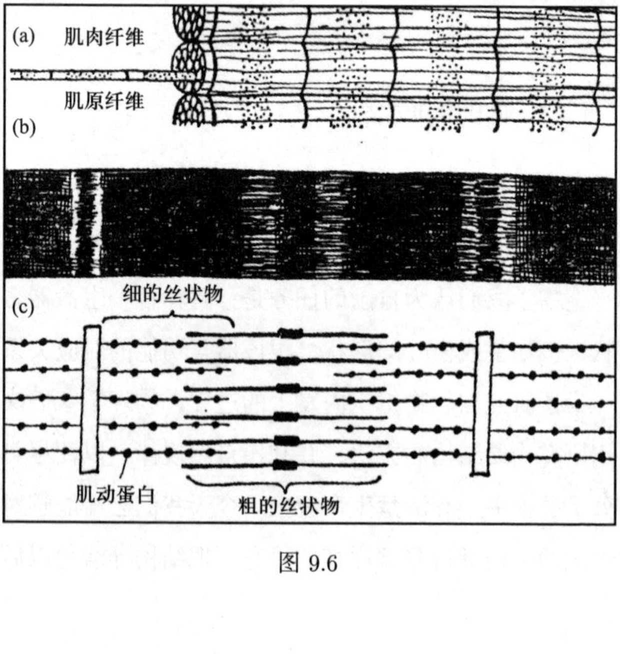

图 9.6

这种机理的细节已经弄清楚了。但是，由于篇幅所限，我们不能详细介绍。肌肉收缩的信息是由神经脉冲传递的。信号的输入使钙原子获得自由，它从丝状物的一部分过渡到另一部分。结果，分子相互转向，使得分子的一个梳状物插入到另一个里，在能量上成为有利的。图中给出了两个示意图，而在它们之间是一张电子显微镜的照片［图 9.6(b)］。

我想这一页所讲述的关于肌肉收缩机理的细节不会给读者留下很深的印象。但作者的目的也仅仅是要引起读者对此问题的兴趣。希望读者把本书结尾的这页文字看作本书作者写作计划的一个预告。我们希望能在《大众物理学》的续篇中有一册书专门详细介绍生物物理学。